少年趣味科学丛书

奇妙的

QI MIAO DE JIAN ZHU

建筑

詹以勤　主编

魏明　乐嘉龙　王卓琦　著

广西科学技术出版社

图书在版编目（CIP）数据

奇妙的建筑 / 魏明，乐嘉龙，王卓琦著. — 南宁：广西科学技术出版社，2012.6（2020.6 重印）
（少年趣味科学丛书）
ISBN 978-7-80619-759-2

Ⅰ．①奇… Ⅱ．①魏… ②乐… ③王… Ⅲ．①建筑—少年读物 Ⅳ．①TU-49

中国版本图书馆 CIP 数据核字（2012）第 141886 号

少年趣味科学丛书
奇妙的建筑
魏明　乐嘉龙　王卓琦　著

| **责任编辑** 赖铭洪 | **封面设计** 叁壹明道 |
| **责任校对** 陈业槐 | **责任印制** 韦文印 |

出 版 人 卢培钊
出版发行 广西科学技术出版社
　　　　　　（南宁市东葛路 66 号　邮政编码 530023）
印　　刷 永清县晔盛亚胶印有限公司
　　　　　　（永清县工业区大良村西部　邮政编码 065600）
开　　本 700mm×950mm　1/16
印　　张 9.875
字　　数 129 千字
版　　次 2012 年 6 月第 1 版
印　　次 2020 年 6 月第 4 次印刷
书　　号 ISBN 978-7-80619-759-2
定　　价 19.80 元

代序　致 21 世纪的主人

钱三强

　　时代的航船已进入 21 世纪，世纪之交，对我们中华民族的前途命运，是个关键的历史时期。现在 10 岁左右的少年儿童，到那时就是驾驭航船的主人，他们肩负着特殊的历史使命。为此，我们现在的成年人都应多为他们着想，为把他们造就成 21 世纪的优秀人才多尽一份心，多出一份力。人才成长，除了主观因素外，客观上也需要各种物质的和精神的条件，其中，能否源源不断地为他们提供优质图书，对于少年儿童，在某种意义上说，是一个关键性条件。经验告诉人们，一本好书往往可以造就一个人，而一本坏书则可以毁掉一个人。我几乎天天盼着出版界利用社会主义的出版阵地，为我们 21 世纪的主人多出好书。广西科学技术出版社在这方面做出了令人欣喜的贡献。他们特邀我国科普创作界的一批著名科普作家，编辑出版了大型系列化自然科学普及读物——《少年科学文库》（以下简称《文库》）。《文库》分"科学知识""科技发展史"和"科学文艺"三大类，约计100种。《文库》除反映基础学科的知识外，还深入浅出地全面介绍当今世界最新的科学技术成就。现在科普读物已有不少，而《文库》这批读物特有魅力，主要表现在观点新、题材新、角度新和手法新、内容丰富、覆盖面广、插图精美、形式活泼、语言流畅、通俗易懂、富于科学性、可读性、趣味性。因此，说《文库》是开启科技知识宝库的钥匙，缔造21世纪人才的摇篮，并不夸张。《文库》将成为中国少年朋友增长知识、发展智慧、促进成才的亲密朋友。

亲爱的少年朋友们，当你们走上工作岗位的时候，呈现在你们面前的将是一个繁花似锦、具有高度文明的时代，也是科学技术高度发达的崭新时代。现代科学技术发展速度之快、规模之大、对人类社会的生产和生活产生影响之深，都是过去无法比拟的。我们的少年朋友，要想胜任驾驶时代航船，就必须从现在起努力学习科学，增长知识，扩大眼界，认识社会和自然发展的客观规律，为建设有中国特色的社会主义而艰苦奋斗。

我真诚地相信，在这方面，《文库》将会为你们提供十分有益的帮助，同时我衷心地希望，你们一定为当好21世纪的主人，知难而进、锲而不舍，从书本、从实践吸取现代科学知识的营养，使自己的视野更开阔、思想更活跃、思路更敏捷、更加聪明能干，将来成长为杰出的人才，为中华民族的科学技术走在世界的前列，为中国迈入世界科技先进强国之林而奋斗。

亲爱的少年朋友们，祝愿你们在21世纪的航程充满闪光的成功之标。

这本书告诉我们什么

　　建筑不仅是一门科学技术，还是一门艺术，并且是同人们的现实生活密切联系的。诚然，艺术也同生活相关，艺术是生活的反映；但建筑除了反映生活之外，还要为生活服务；并且以工程技术为手段，为现实的生活及生产活动提供合适的场所与环境。本书力图通过中外建筑和轶闻趣事来讲建筑知识，通过多姿多彩的建筑，写出建筑的过去、现在与未来。

　　这本《奇妙的建筑》既有建筑的知识性，又阐明了建筑的道理，对如何鉴赏建筑起到指引作用。

　　我们中华民族有悠久的历史，中国的建筑文化光辉灿烂。这些建筑既是我们祖国的宝贵遗产，也是世界建筑文化的重要组成部分，是值得我们去深入认识的。新中国成立后，特别是改革开放以来，我国的建筑行业注入了新的活力，各地出现了秀美多姿的、具有中国特色的高楼大厦，点缀着我们的锦绣河山。

　　愿本书所描述的建筑文化艺术，对少年朋友有所启迪和帮助。

乐嘉龙

目 录

妙趣横生的趣味建筑

纵览世界各地的建筑，有的方方正正，宽大敦实；有的细瘦挺拔，状如高塔；有的则造型别致，颇有趣味。

有人把千姿百态、造型各异的建筑名之曰"趣味建筑"，这里将一些意趣横溢的建筑汇总，作一些简单的介绍。

伊朗珍珠宫

珍珠宫位于伊朗首都德黑兰 48 千米外的一个河谷中，坐落在一座平缓的山丘上，用一个带有许多喷泉的人工湖包围起来，整个建筑以圆形与弧线为主题，曲线形的道路绕过鲜花盛开的花园通向主要入口，人们在这些圆形和螺旋形的盘旋中，进入一个由造型、色彩和装修构成的富有想像力的室内空间。它不仅形式独特，而且珠光宝气，使人联想到神话中的皇宫。这座建筑完成于 1976 年，由著名建筑师莱特的学生彼得斯负责设计。珍珠宫中两个半透明的圆形建筑，其中较大的一个直径为 36.58 米，这里设置了接见大厅和室内花园。这个结构轻巧、形式优美的空间，把人们带进了一种古代宇宙帐篷的幻想之中。圆形建筑的东面用一个逐渐升起的坡道包围起来，沿途修建了图

书馆、宴会厅和生活用房，其顶端为主卧室。从坡道周围的房屋中可以看到下面的庭院，往外则可看到人工湖和连续不断的花园。主卧室安排了许多大小不同的珍珠灯和天窗，宛如一颗颗闪亮的珍珠，该建筑也因此得名。另一个较小的圆形建筑同大圆形建筑交接在一起，主要是供娱乐用，这里有游泳池、小瀑布和室内花园。珍珠宫既有天方夜谭的气氛，又体现了近代波斯建筑的特点。

华盛顿国家美术馆东馆

　　华盛顿国家美术馆东馆位于美国华盛顿国会大厦前，总建筑面积为 56000 平方米，1978 年落成，由著名的美籍华人建筑师贝聿铭设计。建筑的构思以三角形为主题，立面体形是一些棱角锋利的几何体，犹如一组现代雕塑，充满了时代精神。

　　美术馆东馆由两部分组成：一部分为展览馆，另一部分为艺术研究中心。建筑的主要入口在西边，面对美术馆旧馆。入口立面采取了对称形式与旧馆相呼应，为了加强整体感，美术展览与研究中心的入口同设在一个框子中。在宽敞的大台阶上设有一组英国现代著名雕塑家莫尔的雕塑。两个入口主次分明，导向明确。建筑的外墙贴桃红色大理石，这与旧馆、林阴广场对面的航空航天博物馆一致，以求协调。由于饰面精细，色调宜人，使这简朴的外形和巨大的实墙在阳光下变得温暖而有生气。

室内的中央大厅是起定向指南作用的中心点，参观者从这里可以去各处，建筑师把它处理成一个颇有趣味的内部空间。在这个以三角形为主题的空间中，高低桥廊横穿，楼梯与自动扶梯纵贯交错，处理得极为大胆而又巧妙，很有特色。大厅当空悬挂着直径为 2.1 米的活动挂雕，在空调的气流中徐徐转动，在称为"第三种材料"的阳光照耀下，不断地改换着光和影。大厅四周光洁平滑的大理石面，成了光影变化的背景，形成了动与静的对比，使这平静的空间，显得轻松活泼，热情奔放，但又不感到眼花缭乱。大厅中洒满阳光的树木和圆排长凳，使人感到亲切，好像到了室外庭院中间。广场上的喷泉从水斗挂落似小瀑布，飞流直下。天然光线通过突出于广场的小吃部三棱柱形玻璃天窗，射在小瀑布的玻璃上，真是妙趣横生。

香港太空馆

太空馆位于香港尖沙咀火车站旧址，南临海湾，与香港岛繁华的中环遥遥相对，于 1980 年 9 月竣工。建筑物本身的体量不大，但造型新颖流畅，令人瞩目。

太空馆分东西两翼，东翼呈蛋形，是建筑物的主要部分，楼上是天象厅，底层是展览厅。西翼呈多边形，楼层设有太阳科学展览厅，底层是演讲厅和天文书店。东西两翼是两个造型各异的实体，中间部分是大片玻璃面和天窗的通透连接体，在体型上是蛋形与多边形的过渡。两翼交接处，线条流畅，具有强烈的向导性，门厅内布置了两个廊道。大片的玻璃墙面涂有太阳光的七种基色，人们进入敞亮的门厅，就好像处在三棱镜中一样。室外，入口的右侧是一组不锈钢雕塑，名为"太空像"，寓意是飞向天空，飞向宇宙。

天象厅的蛋形外壳，不由得使人产生一种联想——从人类的起源联想到今日人类跃入太空的时代。蛋形的核心部分酷似蛋黄，人们在这里可以遨游太空，了解宇宙的奥秘，这一直径为 23 米的半球形天象厅，是目前世界上最大的天象厅之一。建筑内部的各个局部都与蛋形相协调，譬如，弯弯的坡道，螺旋形的安全梯，棱形的残疾人电梯井和圆洞门等。蛋体与室内地面的交接处，用一圈水池作过渡，避免了生硬的感觉，并使整个蛋形部分有浮动感。

日本香川县体育馆

香川县体育馆由日本著名建筑师丹下健三设计，于 1969 年建造。这是一个适用于手球赛、柔道武术、击剑和体操比赛的综合性体育设施。建筑中设有固定座位 1300 个，临时可加座 2500 个，共可容纳 3800 人。体育馆的屋顶采用曲线悬索结构，由于顶面的曲线与观众席坡度一致，因而，节约了席位上部的空间，观众席上部两端的悬挑与建筑外形吻合起来。

香川体育馆的悬索屋顶，在建筑功能和音响声学方面满足了使用要求，而且造型别开生面，具有日本传统的民族特色。在香川县体育馆的建筑中，建筑师运用了象征手法，使之有鲜明的精神主题。它的侧梁支承的悬索屋顶形成水上浮舟的形状，由 4 条混凝土臂举在空中。空间的形体使人有一种动感，仿佛蕴蓄着无穷的力量，表现了体育运动朝气蓬勃和向新纪录冲刺的无畏精神。整个建筑形态抽象，给人以强烈的艺术感染力。

爱因斯坦天文台

爱因斯坦天文台坐落在民主德国的波茨坦，建于 1920 年，是一座研究相对论的专用天文台。杰出的科学家爱因斯坦，在 1917 年提出广义相对论，当时，人们搞不清相对论是怎么回事，认为它是一种神秘莫测的理论。建筑师门德尔松抓住了这一突出印象，将这种印象渗透到他所创作的天文台形象中，整个建筑形体混混沌沌的，多少又有些流线，边棱模糊，高低错落，使人感到富有弹性的力感。一些不规则的窗洞，形象奇特，像是一只只眼睛，默默地观察着宇宙和大气层，充分表现出神秘的气氛。爱因斯坦天文台是一座有特殊意义的建筑，建筑师以自己的创作，摆脱了传统的古典建筑形式，充满了时代的色彩。

悉尼歌剧院背后的故事

　　跨入 1993 年，扬名世界的悉尼歌剧院迎来了双十华诞。为期一年的庆祝活动已拉开序幕，高潮将是 10 月 20 日的盛大庆典。澳洲国民，尤其是悉尼市民，翘首以待歌剧院的设计者耶尔恩·伍重光临。有人说，如果这位丹麦人重新踏上澳洲土地，定会得到国家元首级的礼遇。然而迄今传出的消息说，伍重以"患高血压"为由又一次婉拒了邀请。

　　26 年前，伍重扔下设计图，头也不回地愤然而去，之后就再也没有踏足澳洲。他甚至还没亲自看一眼建成后的悉尼歌剧院。1973 年 10 月 20 日，英国女王为歌剧院落成剪彩的那天，嘉宾云集，唯独不见伍重的身影，1978 年歌剧院举行 5 周年庆典，伍重也没露面。在 1983 年的 10 周年隆重庆典上，他的缺席又一次令人们失望。

　　74 岁的伍重，目前旅居西班牙的一个海岛上。不久前，澳洲一位记者去采访他，他打破 20 余年的沉默，讲出了一个鲜为人知的故事，这是令他兴奋不已，也让他伤透了心的一段往事。

　　1956 年上半年的一天，伍重正在漫不经心地翻阅一本建筑设计杂志。突然，一则澳洲政府向海外征集悉尼歌剧院设计图案的消息闯进他的视线，在他的心灵里燃起难以熄灭的火焰。他决定参加竞选。然而，他当时对位于遥远的南半球的悉尼一无所知。过了几天，他偶遇几位赴斯德哥尔摩参加奥林匹克马术赛的悉尼姑娘，便缠着她们打听

悉尼的情况。姑娘们为他的热情所感动，向他详细描绘了悉尼城的风貌，特别是悉尼港湾别致幽美的景象。

1957年1月29日，悉尼新南威尔士州艺术馆评委会公布了评选结果：伍重的设计图案脱颖而出，击败了其他231个竞争对手，并赢得了500英镑奖金。

伍重的图案一公布，人们一阵惊喜。这座即将诞生在悉尼港湾的歌剧院，构思独特，设计超群。远处望去，它宛如蔚蓝海面上缓缓飘来的一簇白帆；而近看，它又像被海浪涌上岸的一只只贝壳，斜竖在海边。兴奋的悉尼人，特别是歌剧圈子里的明星们，爱好歌剧的"戏迷"们，都企盼歌剧院早日建成。但绝大多数人当时并不知道，伍重的设计图案最初是被淘汰了的，后来，当4人评选团成员之一，芬兰籍美国建筑设计师伊罗·萨尔南抵达悉尼后，才发现被摈弃在废纸堆里的这一珍品，立即将它拣回，评为优胜者。

中选的消息传到了丹麦，伍重一家欣喜若狂。"当时我正在树林里散步，我的女儿艾茵急急忙忙地跑来告诉我这个消息。艾茵把自己的自行车扔到了水沟里，兴奋而又娇憨地对我说：'你现在没有理由不为我买一匹马了吧？'"回忆着当时的情景，年过7旬的伍重掩饰不住内心的兴奋，"我的设计图案能够中选，这是我一生中的奇迹。"

伍重还透露了一个为人关注的情况：歌剧院的造型并非风帆，也不是贝壳，而是"切开的橘子瓣"。"许多人都说，我的设计是航行的风帆和大海的贝壳赋予了灵感，不是那回事，它像一只橘子，你将橘子切成瓣时，橘子瓣的形状同歌剧院的屋顶造型是一样的……"当然，它又恰好与白色的风帆很相像，但这不是我当初的本意。不过，我非常高兴人们把它看成风帆。

"不是我辞职，而是被停止了合同。"

设计图案中选后不多久，伍重便满怀希望地来到悉尼，他把全部心血都倾注到了歌剧院的具体设计和建筑施工上。

歌剧院的独特设计，表现了巨大的反传统的勇气，自然也对传统的建筑施工提出了挑战。如何支撑这个特殊形状的大屋顶？它能否经得起百年的考验？大量建筑问题需要解决。伍重和他手下的建筑师以及筹委会的负责人，就顶层建筑、内部结构与布局展开了研究和讨论。在这个过程中，争执和分歧时常难免。但最为不幸的是，工程的费用问题成了当时朝野两党权力之争的焦点之一。

在1965年8月新南威尔士州大选中，一向支持歌剧院工程的工党政府下台了。新上台的自由党政府对前政府大加指责，说它不惜财力要建一个"世界上最大的歌剧院"。伍重的合同是与歌剧院筹委会签订的，但是，在州政府更迭后，筹委会主席告诉他："从现在起，你不得不到公共建筑工程部长休斯先生那里去要钱了。"

歌剧院工程面临停工的危险，伍重只好去找休斯。但他不同意拨款。许多人试图说服他，都未成功。"并不像别人说的那样，是我辞职不干，而是我的合同被停止了。我除了被迫离开，没有别的选择。"

"我没什么可抱怨的。"

1966年4月28日。在悉尼国际机场，伍重同他的妻子和3个孩子匆忙登上澳航的班机。几分钟后，飞机腾空而起，朝檀香山飞去。

当飞机飞离悉尼港时，伍重透过舷窗往下望去。他最后一次深情地看了一眼三面环海的贝尼朗岬角——悉尼歌剧院的建设工地。当时，这项工程连1/4都没完成。

对伍重的突然离去，许多人目瞪口呆，连"同他过不去"的休斯先生也表现出几分惊讶。休斯随后宣布，由3名澳洲建筑师取而代之，继续完成歌剧院工程。7年后，歌剧院终于竣工。第一部在里面上演

的歌剧是澳洲歌剧院创作的《战争与和平》。

"我看过歌剧院的照片，它内部设计同我的原设计很不一样。"但伍重又接着说，"我没什么可抱怨的，因为我已经有了一个奇迹般的经历，比原来预料的好得多。对于澳洲和它的人民，我只有诚挚的爱和满腔的热情。"

伍重说："在澳洲的那些年，我们没感到自己是外国人，也没想过等歌剧院建成就离开那里。而总认为我们在这个世界上找到了自己喜

欢的地方。比起丹麦，我们倒觉得澳洲更像是我们的家。如果不是情况发展到那种程度，我们就在澳洲住下去了，我们当时已拿到了永久居住的证件。我们之所以在西班牙买了地皮，盖了房子，就是因为这里的生活同澳洲非常相似。"

发明水泥与混凝土的故事

人们常说万丈高楼平地起,建筑靠的是什么呢?用得最多的材料是水泥。今天,水泥成了一种非常重要的建筑材料,造房、修路、筑桥,哪样都离不开水泥。

现代水泥产生和发展的历史并不长。1813年,法国人皮卡通过研究发现,三份石灰和一份黏土的比例混合煅烧后能生产出很好的水泥。1824年,另一位英国烧砖工人约瑟夫·阿斯普丁也用皮卡的这个比例配料,在炉子里煅烧后碾成粉末。由于这种水泥在加水硬结以后,它的硬度、颜色和外表都和当时英国波特兰岛上出产的著名波特兰石材十分相似,因此被命名为"波特兰水泥"。阿斯普丁为这项发明在英国申请了专利,这种波特兰水泥在建造穿越泰晤士河底的隧道时大显了身手。

在俄国,也有一个研究水泥的建筑师,叫契利耶夫,1820年前后,他在从事建筑工作时,尝试着把石灰和黏土混合起来煅烧,终于也找到了制造水泥的方法。他用自己发明的这种水泥,建造了许多建筑物,还成功地修复了克里姆林宫的墙垣。1825年,他写了一本有关水泥制造法的书。在这本书中,说将一份石灰和一份黏土加水拌和,制成砖坯,放在炉子里用木柴煅烧,等烧到白热后取出,然后,将它碾成粉末,最后经过筛选就可以获得水泥了。

现代水泥的发明人可谓众说纷纭，但比较普遍的说法还是认为属英国人阿斯普丁。

水泥添加剂是水泥中掺和的矿物剂、化学剂和泡沫剂等物质的总称，它们各有各的作用，有的能使水泥具有防水功能，有的能使水泥具有早硬化、抗冷冻、防腐蚀等功能。正是由于水泥有了如此名目繁多的添加剂，它的功能才那么千姿百态。

19世纪，当现代水泥问世以后，人们在使用中发现，这种水泥坚固耐压，可以随心所欲地做成各种形状是它的优点；凝结后容易收缩，造成细小的裂缝是它的缺点。这一缺点的存在使它在地下工程的使用中受到限制，因为水容易从这些细缝中渗漏进来。

就在众多工程师对此束手无策之际，法国有一个名不见经传的普通泥瓦匠使出了绝招，凡经他粉刷的地窖，无一发生渗水现象。他运用的是什么高招呢？

原来，他在水泥中掺和了一些牛和羊的血。这位聪明的泥瓦匠从古罗马人在白垩粉中拌牛羊血获得启发，取得了成功。

以后，专门研究水泥的专家们发现了各种各样的水泥添加剂，发明了各具功能的特种水泥。例如，他们用石膏来调节水泥的凝固时间，发明了快硬水泥、缓凝水泥。将水玻璃、石英砂加入水泥制成耐酸水泥等。

花匠发明了钢筋混凝土。

钢筋混凝土是谁发明的？这里有一段有趣的故事。19世纪中期的法国，塞纳河畔的枫丹白露是法国北部的一个小城镇，那里环境优美，景色秀丽。这个城镇中有许多人以园艺为生，花匠蒙尼亚便是其中之一。

蒙尼亚有一座漂亮的温室，里面栽培着许多名贵的花卉。在温室里种花，经常要移植盆中的花，一不小心就会把花盆打碎。1868年的一天，蒙尼亚有了一个新点子，用水泥来制作花盆，肯定不会再碎了。

于是，蒙尼亚用水泥制成了几个水泥花盆，虽然这种花盆比瓦盆要坚硬，但也容易碎裂。为了防裂，他在花盆外箍了几圈铁丝；为了美观，蒙尼亚又在外面涂了一层水泥。结果使他十分满意，这种花盆特别坚固，不易碎裂。

后来，花匠索性用铁丝制成花盆的骨架，然后，在铁丝骨架外面抹上水泥。他还利用铁丝容易弯曲的特点，一改以往花盆的老面孔，制作了许多长方形、椭圆形的花盆，受到了人们的欢迎。

花匠的这次发明，为钢筋混凝土的诞生奠定了基础。用于建筑的钢筋混凝土则是俄国教授别列柳布斯基进一步加以改进和完善的。

19 世纪后期，别列柳布斯基正从事着建筑方面的研究。为了建筑高楼大厦和跨河大桥，他正在寻找价廉物美的新材料。当他听说法国的蒙尼亚发明了一种铁丝水泥盆时，大感兴趣，认为这是一项重大的发明，完全可以用于建筑行业。

开始，他用铁丝制作骨架再浇上水泥，可是，他发现这种骨架根本不能用来浇筑房梁和桥梁，必须对它进行重大改进。

别列柳布斯基首先研究了水泥的各种性能，发现水泥与砂子的粘合力虽然强，但太细小了，无法承受太大的力量。因此，他在水泥浆料中加入了一些石子，果然大幅度提高了强度；其次，他又将铁丝换成粗的钢条，结果更令人满意。1891 年，钢筋混凝土正式诞

生了。

13 年后的 1904 年，在别列柳布斯基的极力建议下，俄国在建筑一座灯塔时，采用了他发明的钢筋混凝土，取得了成功。从此，钢筋混凝土在现代建筑史上开创了一个新纪元。

发明电梯的故事

任何一个现代化的城市都是高楼林立，大厦成群，然而每幢高楼大厦中都少不了垂直交通工具——电梯。它给人们带来了方便，也促进了高层建筑的发展。

传统的升降台

虽然电梯是上一世纪诞生的，但电梯的祖先早就有了。据历史记载，在公元前1世纪，罗马的建筑师就利用了升降台上下垂直运输货物及人了。当然这种升降台非常简陋，它是用人力、畜力或水力通过滑轮来操纵的，最简单的就是用绳索把吊篮吊着上下升降。

后来，人们发明了一种平衡锤吊运重物的方法。例如，在绳子的一头系着一个容器，绳子的另一头绕过顶上的滑轮系着一个平衡锤，你往容器里装进准备提升的货物或者坐上乘客，只需把容器里的沙袋扔掉，另一头沉重的平衡锤就会下降，这样就可以把货物或人向上提升。

蒸汽机的发明给人们带来了新的设想：能不能利用蒸汽的力量，制造一种可上下垂直运输货物的工具呢？19世纪初，出现了一种水压升降机，它是用一只液压缸、活塞当作升降台，蒸汽机把水打到液压缸里，活塞就升高；若打开阀门把水放出，则活塞就下降。但利用蒸汽机工作，由于设备笨重，操作起来也十分不灵便，而且利用这种水压升降机来运输货物，升降的高度也是很有限的。

直到1850年，有位名叫沃特曼的美国人对升降机做了一次大改进，他不再使用水压机，而是用一种称之为卷扬机的机器来代替它。缆绳的一头系着升降台，另一头卷绕在卷扬机的圆柱形滚筒上。卷扬机一开动，滚筒就朝着一个方向旋转，缆绳带着升降台上升；卷扬机朝相反方向旋转，缆绳就放开，升降台就下降。沃特曼首先在纽约的曼哈顿仓库里安装了这台卷扬升降机，用来垂直运输货物，这种简易升降机可以说是现代化自动电梯的雏形。

安全电梯的问世

沃特曼发明的卷扬机虽然较以前有很大的进步，但也有一个致命的弱点，那就是不够安全，万一缆绳突然断了，升降台从几十米高空摔下来，岂不人亡货毁？因此，人们对这种电梯还不敢贸然采用。要使这种电梯打入市场，为大家所采用，必须提高它的安全可靠性。

1852年，美国纽约一位技师奥的斯对沃特曼的卷扬机做了重大改进，发明了世界上第一台安全电梯。奥的斯在升降台的升降途中安置了两根导轨，使升降台在两根导轨之间平稳地移动。同时他又在升降台上安装了一种保险装置——使缆绳连着两个金属爪和一根弹簧，万一缆绳突然断裂，拉力松弛，弹簧马上会使金属爪弹出，牢牢地嵌进导轨上的齿槽里，不让升降台跌落。

为此，他创办了奥的斯电梯公司。尽管奥的斯电梯安全可靠，可除了少数几家工厂购买外，纽约市和其他地方没有一家办公楼、旅馆

购买它作为载人电梯。奥的斯深知要想让这种电梯为人们所接受，首先要让人们相信他的电梯是安全可靠的。为了让人们真正信服，他特意安排在美国商品博览会上当众表演，让人们亲眼目睹他的载人电梯的确安全可靠。

在博览会上，奥的斯走进电梯，亲自按动电钮，电梯徐徐上升，当升到距地数十米高的地方时，他亲自令助手将缆绳砍断。随着缆绳的断落，围观的人群中发出了一阵尖叫，观众的心似乎与断缆一起掉下来。但是，奥的斯的安全装置即刻发挥作用，升降台一下停住，悬在半空中，人和机器都安然无恙。在人们的欢呼声中，身穿黑色燕尾服的奥的斯在半空中摘下帽子，向观众躬身说道："女士们，先生们，一切平安。"

1857年，奥的斯在纽约豪华的百货商店安装了世界第一台商用电梯。升降机的速度并不快，1分钟只上升12米多一点，但毕竟非常新奇，何况又有经过考验的安全装置，所以人们竞相试着乘坐，不久便风靡一时，据报道，这台电梯一直使用到1984年，共使用了127年之久。

从高速电梯到自动扶梯

自第一台电梯问世以来的100多年中，人们对它又不断做了改进，使它更安全，更舒适，更快捷，电梯已成为现代建筑不可缺少的组成部分。

1915年出现了自动调平技术，利用它可使电梯准确地停靠在任何一层楼面。到了本世纪50年代，电梯的自动化程度已很高，几乎可以不需要操作人员了。真是做到了召之即来，来之能上，要到哪一层就送你到哪一层，这一切都只需要按一下电钮即可。

现代电梯的升降速度大大提高，每分钟可达三四百米，比奥的斯的第一台电梯快三四十倍，100层的高楼1分钟就能到达。由于无级变速电动机的发明以及电子技术的应用，因此，即使速度变化很大，乘在电梯中的超重与失重也被减小到最低限度，甚至感觉不到，这样乘坐起来就非常舒服了。

与电梯功能相同的运输工具还有自动扶梯，它的诞生历史比电梯晚不了多少。1859年就有人提出专利申请，但第一台自动扶梯却是在37年以后才在纽约的科耐岛码头上安装起来。早期的自动扶梯不过是一条设有台阶的传送带，直到1921年，美国奥的斯公司才研制出一种直到现在还在使用的阶梯式自动扶梯。它的优点是既不需要操作人员，又不让乘客长时间等候，可以川流不息地、连续不断地运送乘客。现在人们又在人行道上安装这种水平自动扶梯，人们踏上它，不必费力就可以从一处到达另一处了。

晶莹剔透　平整如镜

——发明建筑用玻璃的故事

传统玻璃瓶是用玻璃吹管吹成的，能不能用这种方法制造窗玻璃呢?

1894 年英国切姆别尔斯玻璃工厂的刘伯尔斯，用一把长柄勺舀起玻璃液往罐子里倒，然后把玻璃吹管插到玻璃液中吹了起来，一边吹一边往上提，玻璃泡变得越来越长，2 分钟以后，刘伯尔斯成功地吹成了一个 2 米多高的玻璃筒，将它剖开展平后就成了理想的平板窗玻璃了，这真是一个奇迹。

肥皂膜的启示

与刘伯尔斯相比，比利时发明家伏尔柯更有传奇色彩。伏尔柯出生在布鲁塞尔的郊外，是一个手工作坊主的儿子。长大以后，他来到了一家玻璃厂。

那高大的玻璃熔炉以及刘伯尔斯发明的玻璃吹管机使伏尔柯激动不已，他对制造玻璃产生了浓厚的兴趣。虽然刘伯尔斯发明的这种机器在当时是最先进的，但也存在着不足之处，那就是提拉出来的巨大

的玻璃圆筒还不能直接应用，必须先切割剖开，再加热软化后压平，最后才能切割成一块块窗玻璃。在这加工过程中，稍不慎重，就会前功尽弃，变成碎玻璃。

"有没有更好的制造平板玻璃的办法呢?"这一问题始终萦绕在伏尔柯的心中。

有一天，他在用肥皂洗衣服时，偶然发现手和肥皂水之间有时会形成一层薄膜。这种方法能不能用在玻璃制造上呢? 这一小小的发现给伏尔柯很大的启发，他决心用熔化的玻璃液试一试。

小规模的试验非常成功。当伏尔柯将一块平板玻璃浸到玻璃液中，然后，慢慢向上提升时，玻璃液果真像肥皂液那样跟上来，而且也是平展着的。

积累了这些经验，伏尔柯设计了一种新的平板玻璃制造机。用这种机器制造平板玻璃，可以在牵引机的带动下，昼夜不停地制造带状玻璃。

以后，伏尔柯又改进了机器，可以通过控制提升速度制造出厚度不同的平板玻璃。很快，这种玻璃制造机在世界各地推广开了。从此，平板玻璃成了大众的产品，广泛用于建筑之中。

浮法玻璃的诞生

美国康宁公司是世界闻名的玻璃制造公司，该公司的一个小伙子的偶然发现，引起了平板玻璃制造方法的又一次革新。

有一天午餐时，小伙子坐在靠窗的座位上，一边用餐一边观赏窗外的景色。他发现玻璃看上去是平展的，中间却有肉眼不易发现的变形纹。

是什么原因产生这种现象呢？原来由于玻璃不完全平整造成。公司经理听了小伙子的汇报，十分重视，希望公司内的科研人员尽快找到解决的途径。

公司人员经过研究发现，玻璃发生波折的原因在于伏尔柯发明的机器在提拉玻璃时，常会有一些偶然因素造成轻微的振动，这样，尚未完全凝固的玻璃就会产生波折。要消除波折，就必须完全消除机器的振动，但这几乎是不可能的。如果将有波折的玻璃切割下来报废，又会给公司带来巨大的损失。怎么办？

经过努力，公司人员终于找到了一种理想的办法——将立着的玻璃放平，为此，科研人员设计了一张特殊的玻璃床——由金属锡熔融成锡液槽。

当熔融的玻璃液从玻璃熔炉中流出来以后，流入了一条长长的熔融锡液槽中，玻璃液浮在锡液表面，逐渐冷却下来，由液态变成固态后，机器就拖着它前进。这样，平整的平板玻璃就诞生了，人们称它为"浮法玻璃"。

独领风骚的帐篷式建筑

提起帐篷，大家都很熟悉。这是一种撑在地上遮蔽风雨和阳光的设施，多用帆布或塑料薄膜制成，在野外、海边常能发现它的踪影。关于帐篷的起源，可以追溯到很久以前。

如今，帐篷已经成为野外考察、旅行者的必备用品，它具有轻便携带的优点，然而却难以经受狂风暴雨式的袭击，因此，人们通常只把帐篷作为临时居住之用。

建筑学家综观古今的一切建筑，认为最轻、最省料的当推帐篷，于是一种把帐篷和现代建筑技术融为一体的新颖的建筑形式——帐篷式建筑应运而生，形形色色的帐篷式建筑如春笋般破土而出。

位于美国阿肯色州林西公园中的体育馆是一座具有鲜明民族特色和艺术风格的体育运动殿堂，由于帐篷采用了二层结构，内层设计成贝壳形状，因此保温效果良好，馆内可维持常温 20℃左右。这个作为多用途竞技场所的帐篷式建筑，设备齐全，典雅大方，除可进行篮球、排球、网球、羽毛球比赛之外，还包含一个室内游泳池，一些精彩的游泳比赛常在那里举行。

来到沙特阿拉伯吉达市的国际机场，一座巨大的帐篷式建筑突兀眼前，乍一看去，好似一片波涛汹涌的海洋，蔚为壮观。这座巨大的国际机场总共占地约 42491 平方米，高高矗立的铁架借助缆绳支撑起一个个乳白色的帐篷，令人目不暇接，其中候机大厅由 10 个相互连接的巨大帐篷构成，每个帐篷面积达 4250 平方米。据称这个国际机场能够同时接待 10 万名旅客。

伊拉克入侵科威特，许多建筑物都毁于战火。1996 年年底，作为东道主的科威特仅用 50 天时间就建造了一座宛如宫殿的帐篷式建筑，以供召开海湾阿拉伯国家最高理事会之用。该帐篷式建筑气势宏伟，布局合理，巨大的帐篷，流畅的线条，辅以古色古香的色调，显得那样高贵、豪华，令人赞叹不已。该帐篷式建筑的主体结构分为会议大厅、宴会厅和卧室三部分，室内布置典雅，设备先进齐全，而且还安装了防灾避难设施。

帐篷式建筑的造型很有讲究，传统的帐篷形式早已不敷需要，因此，设计全新的现代化帐篷成为一个重要的课题。显然，要设计一座巨大的帐篷式建筑，直接试验成本是昂贵的，但若采用计算机仿真的方法则经济得多。具体地讲，就是建立起相应帐篷式建筑的数学模型，并在计算机上进行试验，从而获得帐篷、立柱、缆绳之间的相互关系以及它们各自的性能参数，经过这种模拟试验便可进行帐篷式建筑的具体施工了。

一位帐篷式建筑设计师在对数十种形状的帐篷进行计算机仿真之后指出，马鞍形是一种完美的帐篷造型方式，这种在数学上被称为双曲抛物面的曲面，能使帐篷具有最大的张力，而且有人曾就马鞍形帐篷做了耐风试验，结果表明理论计算与实际情况基本吻合。

在帐篷式建筑施工时，经常采用充气的办法使巨大的帐篷伸展开来，以形成设计所确定的曲面形状。为了达到这个目的，只需采用鼓风机使室内的空气压力加大，气压增加百分之几即可。例如，能够容纳 12000 名观众的美国佛罗里达州立大学的学生体育馆的帐篷式建筑就是如此"吹"起来的。

如今，在世界建筑舞台上已经涌现出一些帐篷式建筑的设计大

师，他们探求各种各样的帐篷造型，深刻地领会建筑和环境之间配合与协调的相互关系，大胆追求科学性和幻想性，力求使设计标新立异、别出心裁，其结果是许多布局自由、风格迥异的帐篷式建筑已豪迈地矗立在世界各地。

凌空飞架的钢网架

最近，在北京建成的中国国际展览中心是一组庞大的建筑群，它一共有 6 个室内展馆和 2 个室外展场，其中 4 个展馆均为边长 63 米的正方形建筑，尽管屋盖较高，跨度很大，犹如凌空飞架。但是为什么中间没有任何支撑呢？原因是使用了钢网架结构。钢网架结构非常适用于体育馆、展览馆、大会堂等宏伟高大的建筑。这种结构在世界上较广泛地应用。

钢网架是由许多杆件按照一定规律组成的网状结构，改变了一般平面桁架的受力状态，具有各向受力的性能。由于各个杆件之间互相支撑，所以整体性能强，稳定性好，空间刚度大。因此，它不仅在跨度大的建筑中显示出巨大的优越性。而且，是一种良好的抗震结构形式。钢网架结构本身高度较小，而且能够利用规格较小类型划一的杆件，这些杆件多采用钢管或角钢等材料，交接点为空心球结点或钢板焊接点，很适合工厂生产、地面拼装和整体吊装。

钢网架形式很多，常采用两向正交斜放网架、三向交叉网架和角锥体系网架。钢网架结构按其外形分为平板型和壳型，平板网架是双层的；壳型网架有单层、双层、单曲、双曲等多种形状。钢网架结构采用较小的杆件，而使跨度越来越大，其优点就很明显。

我国有很多建筑物采用钢网架结构。首都体育馆是方形的建筑，建筑面积 4 万平方米，能容纳 18000 名观众。上海体育馆是圆形建筑，直径为 114 米，建筑面积 47000 平方米，容纳观众 18000 人。整个建筑立面新颖活泼，轮廓完整，具有一定的民族特色。南京的江苏体育馆建筑面积为 18000 平方米，容纳观众 10000 人，建筑平面呈八角形，很有体育建筑的特色。除此以外，上海的文化广场，屋盖采用了扇形的网架结构。这些建筑都有一个共同的特点，它们造型雄伟壮观，轻巧大方。

在国外，网架结构应用也很广泛。墨西哥马达莱纳体育馆，是圆形建筑，直径为 170 米，馆内可容纳 15000 人。加上活动座位，最多能容纳 23000 人。屋盖为铝合金网架，支撑在四个混凝土拱架的"V"形柱上，造型奇特，很像是一个圆形的硬壳虫。美国休斯敦市建造的圆形体育馆，直径达 193 米，可进行室内足球比赛，有 6 层观众席，可坐 52000 人。美国新奥尔良市体育馆，圆形平面直径达 207 米，可容纳观众 90000 多人，是世界上最大的网架结构体育馆。

钢网架建筑的规模如此巨大，用传统的建筑形式是难以想象的。在外观造型上，以崭新的面貌展现在人们的眼前，充分显示出科学技术的飞速发展。

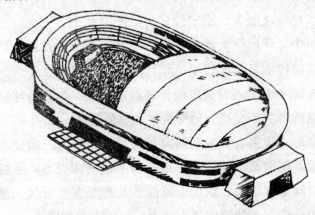

神奇的短线穹隆

1953 年，美国福特汽车公司准备庆祝成立 50 周年，经理小福特决定要把圆形办公楼中间的露天大院，加上屋盖，作为庆祝活动场地。但是只许把屋顶支撑在周围原有的墙上，不许在中间加支柱。可是原有的墙当初并没有考虑扩建的荷载，这便使习惯于钢筋混凝土薄壳结构的设计工程师们望而却步。有个叫富勒的建筑师勇敢地接受了这个艰巨的任务。他用自重轻的铝合金作杆件，以空间结构的形式，创造了轻型穹顶加化纤薄膜屋面。建成的圆形屋盖，直径 93 英尺（28.34 米），自重仅 8.5 吨，比一般做法轻 20 倍。此后他不断创新，发展成独特的短线穹隆体系。

所谓短线，原是大地测量的几何术语，指球面上两点之间的最短距离。以六根等长直线相联接，可以组成一个三角锥形的 4 面体，算是基本单元。用这些单元来组合，又可以变成 8 面体、14 面体、20 面体等等。经过多次分解组合，形态就更接近圆形。最后，分布在球面上的短线网架，就成为圆形屋顶。这种结构的特点是：任何一根杆件所受的应力，都能分配给全部杆件去承担，整体性非常强，因而可以挖掘金属材料力学性能的潜力。各个杆件可以承担超过其本身允许的应力范围。

富勒创造的第一个短线穹隆，直径仅有 4 米，现在的短线穹隆直

径可达 100 多米，并且能在非常短的时间内建造完毕。

　　1957 年，美国夏威夷交响乐队在火奴鲁鲁公演的门票早已售完，第二天即将演出了，可是，剧场连影子还没有。那场址上堆放着的只是刚运来的金属杆件。天知道音乐会是否打算在露天举行。正当人们互相探听时，奇迹出现了，仅仅 22 个小时之后，一座直径达 44 米的圆球形音乐厅，居然像《天方夜谭》中的阿拉亭仗赖魔神，一夜之间在苏丹王宫边上建造起金色宫殿那样，矗立在人们面前。两个小时之后，音乐会如期演出。

　　球形，自古以来是美学家和艺术家讴歌的对象，早在公元前 6 世纪，毕达哥拉斯就曾经提出："一切立体图形中，最美的是球形。"柏拉图也声称，他所说的形式美，指的是直线和圆以及由直线和圆所形成的平面形和立体形。对现代绘画颇有影响的法国画家塞尚说过，画家要用圆柱体、球体和圆锥体来表现自然。毕加索的画正是这些几何体形的运用。短线穹隆的美确实寓于这种圆球形之中。

短线穹隆的跨度之大，在充气建筑诞生之前一直荣居首位。1959年美国俄亥俄州克利夫兰建成一个短线穹隆，直径 75 米，把美国金属协会的原有建筑物和室外场地统统包容进去，产生了一种建筑物相互穿插和叠套的奇观。在它的前一年，建造在美国路易斯安那州贝东路奇的短线穹隆，直径 115 米，用作生产坦克的厂房。

它的轻巧和巨大跨度，激发了建筑师的遐想。1960 年富勒本人提出在纽约市中心曼哈顿岛上建造一个直径达 3.2 千米的短线穹隆，将岛上的中心区域全部覆盖起来，实现人工气候控制的小世界。这不是幻想，据计算，这个外壳与外面大气候接触的面积，仅为内部建筑物外表面积的 1/5，因此，热量散失较少，节能效果好。穹隆之轻，仅仅依靠内部空气受热后所产生的浮力就足以把它支撑起来。

富勒最成功的作品是 1967 年蒙特利尔世界博览会中的美国馆，整个建筑全部由合金杆件组成，网架之间设有自动控制可以开闭的通风设备。白天，吊在网架下面的围护薄膜，反映着变化的光影；夜晚，照明耀目，看上去像个水晶球。1976 年 3 月，因维修不慎失火，围护物和设施焚毁殆尽，但结构依然屹立。事实证明了短线穹隆的坚固性。

富勒创造的建筑，五彩艳丽，深受人们的喜爱。它们像彩球那样，纷纷飘落在世界各地，把世界点缀得更美。

工厂里造出来的住宅

通常，建设一座城市住宅小区需要几年或更长的时间，而活动汽车住宅可以在几个月或更短的时间内建成，这种灵活的汽车住宅可以迅速大量地为人们提供比普通住宅更为方便舒适的居住条件。

汽车住宅改变了传统的手工业施工方法，采用与汽车制造相似的现代化生产方式。美国有很多活动住宅制造厂商，平均20多分钟即可生产一套活动汽车住宅。由于大批量生产，其价钱低于普通住宅，因此受到用户的欢迎。

其实，活动住宅已有60多年的历史了。早在20世纪20年代，为了适应旅游需要，人们开始制造假日篷车、旅行拖车住宅。1933年，第一幢活动住宅由美国的一家汽车制造商生产，一开始只是供流动工厂、巡回的钻探工、军事和土木工程人员使用。第二次世界大战和战后恢复建设期间，住宅紧缺，加速了美国采用活动住宅的进程。到1950年，带有卫生间的汽车活动住宅进入市场。1955年美国和英国的制造商开始生产3米宽的汽车住宅，后来增加到3.6米宽，20米长。这种大型活动住宅，基本上是一种预制房屋，需要用拖车运至现场后，再用起重机吊运安装在地面垫块上，并与基地的上下水、电和电话系统相通。汽车住宅的浴室、厨房、餐室、起居室、卧室均为最小尺寸，但室内布置相当舒适，在设计上吸取了宇航飞船的舱体设计优点。

汽车住宅的房屋骨架由钢材焊成，围护结构采用标准构件，主要材料是特制的夹心胶合板，内填泡沫状保温材料，内墙面粘贴塑料壁纸，顶面采取了防雨防晒措施，并有隔热保温的性能。住宅内部，通常装备有高水平的技术设备，温度可以自动调节，以适应不同国家和地区的气候条件。

　　活动住宅小区的规划与房屋造型，主要根据用户的特点和搬迁的情况而定。例如，经常搬迁的建筑，常选择带轮子的汽车房屋、拖斗房屋、铁路车厢房屋、带犁爬的房屋。不经常搬迁的建筑则可选择集装箱式房屋。

　　汽车住宅投资少，见效快，尤其是在缺少劳动力和建筑材料的地方。由于汽车住宅内的各种设备都是在工厂内制造的，房屋的制造就可以不受季节和天气的影响，缩短了房屋的施工周期。

　　汽车住宅是近年来国外流行的一种建筑形式，它为人们提供了良好的居住环境，可以相信，随着科学技术的发展，这种住宅类型将得到广泛的运用和推广。

浮光掠影的幕墙

　　自古以来，建筑总离不开"窗"和"墙"，建筑师们也总是在窗和墙的对比中大做文章。美国建筑师密斯发现框架建筑的外墙不起承重作用，可以用玻璃来代替砖头作墙面。由于玻璃表面光滑，有强烈的反射作用，会产生极妙的艺术效果。1945年，密斯为一位女医生设计的一幢全玻璃外墙住宅，好像"水晶宫"一般，光彩夺目。可惜，因当时的透明玻璃隔热性差，还会产生炫光，住在里面的女主人被严寒酷暑和炫光折磨得叫苦连天。密斯的第一次尝试失败了，然而他并不气馁，还是念念不忘设计玻璃幕墙的新建筑。到了20世纪50年代，染色玻璃出现后，密斯用它设计了一幢38层的玻璃幕墙高层建筑——美国纽约的西格拉姆大厦，受到建筑界人士的好评。

　　20世纪60年代，又出现了一种镜面玻璃，使玻璃幕墙建筑有了蓬勃的发展。镜面玻璃是用真空镀膜或化学处理的方法，在经过热处理的玻璃（俗称钢化玻璃）上，镀上一层厚度仅为0.1～0.2微米的金属（如铜、金、铝、镍等）薄膜或金属氧化物（如氧化铜、氧化钴、氧化钛、氧化镍等）薄膜，使它像镜子一样光亮，同时会呈现出金、银、蓝灰、古铜等不同颜色。镜面玻璃具有镜子和玻璃的两重性，在迎光的一面具有镜子的特性，可以照出人影，而它背光的一面则保持了玻璃的特性，可以让光线透过。这就使玻璃幕墙建筑产生了意想不到的艺术效果，像镜子一样光亮的幕墙，周围的景色映在上面，与天光云影融合在一起，人们在观赏之际，会获得一种美的享受。

在隔热、采光等实用功能方面，它都比较理想。如用镜面玻璃与普通玻璃组成的双层玻璃幕墙，具有良好的隔热性能。夏天，它能挡住 90％的太阳热辐射，使强烈的阳光晒到人身上时感觉不到灼热；冬天，它比两面抹水泥的砖墙节省采暖费用。虽然它的透光性比普通玻璃差，同样是 6 毫米厚的玻璃，镜面玻璃的透光率只有 26％，而普通玻璃则高达 78％。但由于玻璃幕墙建筑的采光面积大，所以仍能补偿

透光性差的不足。镜面玻璃很快就成为一种高级的墙体材料。

近 30 年来，国内外运用镜面玻璃建造了许多造型别致的现代建筑。20世纪80年代，在我国上海就出现了一幢玻璃幕墙的高层建筑，取名为"联谊大厦"。这幢大厦位于上海市延安东路四川中路口，共有28层，高约 100 米，建筑面积为 2.8 万平方米。它采用金黄色的镜面玻璃作幕墙，在光溜溜的墙面上不仅会散射出闪闪金光，而且还会呈现一幅

幅变幻的影画（映现在上面的周围环境），真像一座晶莹夺目的水晶宫。白天，人们站在大楼外面看去，玻璃幕墙就像一堵不透光的墙，

把里面的人员活动藏匿起来，但当人们踏进大楼，这堵遮挡视线的墙不见了，楼外的景色与内景融成一体，空间变得无限开阔，使人流连忘返。

但是，也有人对玻璃的强度表示担心。玻璃是一种脆性材料，一旦受力不均就容易破碎。在玻璃幕墙建筑的发展过程中，确实也曾发生过因玻璃大量破碎而使建筑物疮痍满目的。例如，一度轰动欧美的玻璃幕墙建筑——美国波士顿汉考克大厦，就曾因玻璃破碎而弄得面

目全非。汉考克大厦的玻璃幕墙共有 1.37米×3.4米的镜面玻璃 10344 块，1971 年刚建成，就陆续有一些玻璃出现破裂；在 1973 年的一次风暴中，又损坏了一批玻璃；到 1975 年，已有 2000 多块玻璃破裂而只能代之以木板，汉考克大厦变得千疮百孔。据调查，玻璃破裂的主要原因在于双层玻璃的胀缩不均匀。为克服这一缺陷，建筑师们只得采取补救措施，将所有的双层玻璃换成较厚的单层钢化玻璃，结

果花去了数百万美元才使汉考克大厦重现闪闪发光的仪容。然而，修复后玻璃还是常有破碎，为了观测玻璃是否破裂，不得不派专人在街上用望远镜仔细观察玻璃颜色的变化。现在，这项工作已由电子传感器代替了。在每块玻璃上，贴有圆形的薄片型电子传感器。10344 片电子传感器随时将玻璃的受力状态反映到中央控制室，一旦有某一块玻璃即将发生破裂，中央控制室的电脑在接到电子传感器送来的信息之后立即发出警报，并将有险情的玻璃位置告诉管理人员，由管理人员将它换掉。这样，人们就可以事先采取措施，防止酿成一些意想不

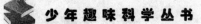
到的麻烦。

　　随着建筑技术的迅速发展，玻璃幕墙的安全技术日趋成熟，人们毋庸为玻璃的破碎而担心，巧夺天工的玻璃幕墙建筑，将会给现代化城市增添光彩。

屋顶能开启的体育场

体育事业的发展促进了体育建筑的发展。随着各项体育运动水平的不断提高和国际奥林匹克运动的普及，对各类体育建筑提出了更高的要求。

1989 年加拿大多伦多市建成了一座可开关屋顶的大型体育场——天拱体育场。1993 年日本的福冈市又建成了另一个同类的体育场——福冈体育场。此外，一些国家也在展开可开关屋顶巨型体育场的研究。

体育运动空间由室外逐步向室内的转化是一个漫长的过程。2000 多年前的古代奥林匹克运动会就是在古希腊西部奥林匹亚同谷的绿化和自然土地之中，在温暖和煦的阳光下所进行的各种竞技。这种传统的竞技在 1896 年雅典举行的第一届现代奥运会时得到了充分的体现。直至今日，尽管体育场的规模越来越大，人数越来越多，电子技术设备越来越复杂，但人们特别热爱的竞技项目，如足球、田径、棒球、橄榄球等仍是在室外开敞场地上进行竞技。

为了免除恶劣天气对体育运动的影响，争取更大的活动空间，人们正在努力开发和建成一个又一个巨大的室内体育场馆。它不但满足了各国在各种体育项目和其他功能日益复杂的要求，而且还表现了建筑艺术和工程技术上的巨大突破。

屋顶可以开关，可以收缩变化的体育场馆，并不是近年来人们才想到开发的建筑形式，其设想由来已久。据记载，公元80年由罗马梯度大帝所完成的罗马柯罗席姆比赛场，可容纳观众5万人，在观众席上部也有可开闭的幕作为屋顶，并由奴隶们负责屋顶的开关。

进入20世纪60年代，开关屋顶的体育设施首先在欧洲被用于游泳馆、网球馆等设施。比较大型的开关屋顶首推1961年在美国建造的匹兹堡会堂。这是一个直径为127米的圆形平面，固定观众席9200人，临时席位4400人，建筑总高度为33米，原作为演出歌剧的室外剧场，只有观众部分有挑篷。此后随着对室内比赛如篮球、冰球的呼声越来越高，于是提出开闭式屋顶的方案，花费100万美元的方案得到了实现。

但真正付诸实现的是加拿大蒙特利尔为举办1976年奥运会的大体育场，其主要构思就是在主塔的顶部向周围成放射状拉出钢缆，用此吊起篷布，再把篷布收到塔顶，由于经济的原因，这个设想一直拖到1987年才得以实现。在这基础上加拿大多伦多在1989年完成了天拱巨型体育馆，与蒙特利尔大体育场不同的是它的屋顶是一个金属的活动拱壳。这种大型设施已远远超出了单纯体育比赛的范畴，还包括展示活动、文艺活动和其他活动，这里面有的活动需要自然的阳光和空气，有的需要良好的室内声光电环境，有的需要在恶劣的天气条件下

提供全天候的活动条件。

多伦多巨型体育馆的建成，引起了日本体育界、工程界的关注，建筑公司发起了可开关屋顶体育场的开发与研究。1988年对刚建成的东京有明网球中心体育场进行改建，在万人网球场上增加了面积为

1.7 万平方米的水平对开移动式屋顶。

对于可移动屋顶的巨型体育馆来说，屋顶完全关闭时的受力状态和一般的大跨度建筑区别不大，但当屋顶移动开启后，特别是屋顶在移动过程中，其荷载和受力状态就十分复杂。就拿多伦多和日本福冈巨型体育馆为例，屋顶荷载很大，多伦多的屋顶面积为 3.24 万平方米，采用钢结构及屋顶钢板总重量 1 万吨，其中可移动的三块屋顶板 6348 吨，开启一次需 20 分钟。福冈馆屋顶面积 4.5 万平方米，采用钢管结构和金属钦屋顶，总重量 1.2 万吨，其中可转动的两块板各重 4000 吨，开启一次也需要 20 分钟。

这样重的屋顶在开启移动的过程中，由于风向、温度的变化，还有摩擦甚至地震时受力状态的变化，带来移动部的上下左右摇晃，弯曲变形。这些问题如何解释，如何对待在不同状态下的应力，这些都需要在工程设计中解决。

另外就是巨大沉重屋顶的开启移动问题，两馆的设计者都认为移动结构的构造应尽量简单，这样即使有了故障，也能保证安全，同时也易于维修管理。

日本是个多地震的国家，福冈巨型体育馆专门在屋顶的行走轨道上安置了地震计，当地震计接收到超过的地震加速度时，正在开启移动的屋顶能够自动停业。

多伦多和福冈馆的场地都是通过部分座位的移动来适应棒球和橄榄球及其他比赛活动的要求的。多伦多馆的开口率为 91%，福冈馆的开口率为 63%。由于内部使用内容的不同，对屋顶开闭的形状，屋顶能否采光提出了进一步的要求，对此建筑师又有新的开启设想，新的使用要求又促进了可移动屋顶的开发。

贝聿铭与罗浮宫的改造

美籍华人贝聿铭是一位杰出的建筑设计大师，他是极其理想化的建筑艺术家，善于把古代传统的建筑艺术和现代最新技术熔于一炉，从而创造出自己独特的风格。贝聿铭说，建筑和艺术虽然有所不同，但实质上是一致的，我的目标是寻求两者的和谐统一。事实证明，对于建筑艺术的执著追求，是他事业成功的一个重要方面。

1917 年 4 月 26 日贝聿铭诞生于广州，他的祖籍是苏州，父亲是一位银行家。1927 年在上海读中学，后来又就读上海圣约翰大学，1935 年，远渡重洋到美国留学。

贝聿铭第一次获奖是在 1959 年，他设计的美国丹佛市迈尔哈商场，获得美国建筑学会的荣誉奖。20世纪60年代以后，他获得的奖项更多，尤以80年代为最。

20世纪80年代初，法国总统密特朗决定改建和扩建世界著名艺术宝库罗浮宫。为此，法国政府广泛征求设计方案，应征者都是法国及其他国家著名的建筑师，最后由密特朗总统出面，邀请世界上 15 个声誉卓著的博物馆馆长对应征的设计方案遴选抉择。结果有 13 位馆长选择了贝聿铭的设计方案。

巴黎罗浮宫始建于 12 世纪，现在是世界上最大的收藏绘画、雕塑等艺术品的博物馆之一。其中有蒙娜丽莎和米洛的维纳斯之类的大量

的一流艺术精品。1980年后，由于游客增多和场地不够，迫使许多参观者匆匆一瞥而离去，更何况许多艺术品还无法同时陈列展览。

贝聿铭作为世界上最有才华的建筑大师，第一步是把罗浮宫内花坛草地下面的空间开发出来，在地下建造了连接罗浮宫各幢大楼的步行通道和休息处，还建有地下停车场。在罗浮宫大院内还用玻璃墙面建起凸凹两座金字塔，凸在地面的金字塔作为通向地下世界的入口，凹入地面的金字塔给地下世界采光用。这样就把罗浮宫里和周围的一些服务设施巧妙地转入地下。

第二步是要把门字形的罗浮宫左边的一组楼房加以改造。这原是第二帝国拿破仑三世的宫室，平面上呈"目"字形。贝聿铭就把这组房子中的三个庭院地下挖空，建造饭店和商场。再在三个庭院上空镶盖玻璃，使它成为有天空般屋顶的充满阳光和空气的豪华室内空间，从而使展览面积比原来增加一倍。这项耗资13亿美元的工程竣工时，密特朗总统参加了剪彩仪式。

第三步也是改造工程的最后一个阶段，要到1997年才能完工。它要把门形罗浮宫右边的一组楼房加以改造，也要求既不伤皮肉，又脱胎换骨，再增加 8000 多平方米的展览面积，使整个罗浮宫的展览面积达到 60000 平方米。

贝聿铭设计的玻璃金字塔，高 21 米，底宽 30 米，耸立在庭院中央，塔身总重量 200 吨。因此行家们认为，这座玻璃金字塔不仅是体现现代艺术风格的佳作，也是运用现代科学技术的独特尝试。在这座大型玻璃金字塔的南北东三面，还有三座 5 米高的小玻璃金字塔作点缀，与 7 个三角形喷水池汇成奇特美景，人们赞誉它是罗浮宫院内飞来的一颗巨大宝石。

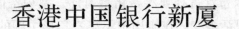
香港中国银行新厦

世界上的银行成百上千，无论是大银行主还是小银行主，对其建筑的性格总是追求稳重、敦厚和内向性，特别是实力雄厚的金融财团的银行大厦，往往是森严的门廊、窄小的窗口、厚重坚固的墙身以及伟岸不可一世的建筑体量。香港中国银行旧楼就是这种典型例子，厚实的石墙、狭窄的竖向条窗和两边一个个小窗户、威严的入口、恰如其分的建筑装饰以及石狮，无一不体现着人们习以为常的银行建筑性格。

在这组建筑风格不一而建筑性格神似的建筑群的另一端，矗立着香港中国银行新厦，也就是说新厦和汇丰银行大厦分别坐落在高等法院左右两侧，相对而立。新厦的设计者贝聿铭先生没有重复汇丰银行大厦的设计思路，而是别出心裁地另辟蹊径。它的最大特色是在形体处理上，贝聿铭先生把新厦设计成由四组向上渐次伸展遥三棱柱组合体，从不同角度看，犹如节节升高的云梯，隐喻中国银行的未来发展前程。正像贝聿铭先生自己所说："这座银行大厦就像竹子一样，下粗上细，到一定高度变细一节。节节高，步步高，在中国也是一个吉祥的象征。"

在立面处理上，整个大厦以蓝灰色玻璃作幕墙，贯穿以规整的45°角的斜向装饰线，在三角形体的重复与变化中，寻求一种独特的风格。入口拱门和嵌在"玻璃墙"上的实墙也是中国味的。既虚实相间又简洁而不乏细部刻画，使新厦从行人视线上看亲切宜人，突出体现了港澳中银集团"服务大众"的宗旨。在室内外的空间处理上，香港中国银行新厦也有独到之处。新厦东西两侧各建有因地而成的三角形花园，园中林木布置古朴典雅，错落有序。室内空间布置不落俗套，在规整中追求灵活多变，在实用中不忘三角形主题的重复，把室内的划分同建筑外观形象有机地结合起来，使室内外气氛浑然一体。

　　香港地皮昂贵，从经济上看，不盖高楼划不来。再者，该地段已建起了许多摩天大楼，为了使过往客商从海上就能看到中行新厦，不盖高楼不行。所以，贝聿铭先生决定将中国银行新厦设计成70层的摩天"水晶体"。新厦总建筑面积为128000平方米，总高度是315米。

四面朝南的房子

——波士顿人寿保险公司大楼

在美国波士顿城科普来广场东侧耸立着一幢璀璨雪亮，优美动人的建筑——波士顿人寿保险公司大楼。其高 241 米，共 63 层，是当今波士顿最高的建筑。这幢大楼是由著名的建筑大师贝聿铭和他的主要助手亨利·科布共同设计的。在那众多的建筑师中为什么独独请贝聿铭来设计呢？这里还有一个鲜为人知的故事。

那是在一次豪华的宴会上，当人们举杯共饮，酒至半酣时，与贝聿铭同席的一位百万富翁神气十足地嚷道："我打算造一所正方形的房屋，我请了许多有名的设计师，他们都说无法设计，看来这些人都只得虚名。"

作为建筑师的贝聿铭听到这话十分反感，但出于社交礼仪，也为了弄清情况，他强压怒火很有礼貌地问道："先生需要设计什么样的屋子？"

百万富翁仍傲慢地答道："我的房子很简单，只不过要求四面都朝南，他们都说这办不到，连这样的房子都设计不出，还当什么建筑师。"说完哈哈大笑起来。

一听这话，贝聿铭就明白这个自以为是的家伙是故意为难，感到十分厌恶，打算教训教训他，于是郑重地对百万富翁说："我也是一名

建筑师，这或许您还不知道吧？不过我知道为什么别人不愿意给您设计，是担心您不敢去住。"

"只要您设计得出来，我一定敢住。"百万富翁挑衅地大声嚷道。因为他认为世界上不可能有四面朝南的房子。

"好吧，我们一言为定，现在我就告诉您设计方案。"贝聿铭微笑着说。

自以为是的百万富翁一听这话不禁嘲笑道："嗯，先生是不是想把房子设计在南面的画中，那倒是四面朝南啰。"

贝聿铭不慌不忙地说道："只要把房子设计在地球的北极点上，岂不是四面朝南吗？先生敢不敢去住呢？"

百万富翁一听愣住了，因为任何人都知道北极的极点就是地球最北端的点，也就是地球纬线的北面汇聚点。就这点而讲，整个地球的其他部分都是它的南面。故假设在北极点上建房子，房屋的四面岂不都是朝南。

这一下他哑然了，但不失风度地向贝聿铭赔礼道歉，这一下他不得不对贝聿铭另眼相看，也正是他推荐贝聿铭去设计波士顿人寿保险公司。

当然贝聿铭也不负众望，设计出了一流的大厦。

该大厦底层平面是梯形。入口门厅就高达三层，这在建筑史上是绝无仅有的。整个大厦虽然只有63层，但其交通设计得十分便利。30部电梯分五组服务于不同的楼层，第一组服务于1～16层，第二组服务于15～26层，第三组服务于25～36层，第四组服务于35～48，第五组服务于47～60层，奇数层由门厅上电梯，偶数层由门厅夹层上电梯，门厅和夹层之间有电动扶梯相连。

这座大厦最大特点就是整个外墙全部采用浅蓝色的镜面玻璃包镶，远远看去，大厦就宛如一面巨大的明镜耸立在波士顿中心。当阳光照射，这里就色彩斑斓，云蒸霞蔚，时移景异，变化无穷，呈现出一片奇妙的图案。这些镜面玻璃共有10344块，每块面积就达4.27平方米，每块重达200多千克，大厦落成后轰动一时。可是不幸的是1973年在一次风暴中有10余块玻璃随风而落，在1975年又有2000多块玻璃碎裂，破裂的窗户不得不用木板堵起来。于是一幢漂亮的玻璃大厦一时变得千疮百孔，满目疮痍，并且在下面过往的行人都唯恐玻璃落在头上。后来通过对事故原因的分析，最后决定加强框架的刚性，对中心塔进一步加固，以抵抗最大风暴的袭击，并重新更换另一种强度较高的玻璃，大厦才以新的面貌出现在人们面前。

不管怎样，波士顿人寿保险公司大厦形体简洁，玻璃墙像一面镜子反射着周围景物，给游人造成一种如幻如真的奇妙感觉，引起许多人的兴叹，博得世人的好评，为此美国建筑协会授予贝聿铭"全国优秀设计师"的称号。

豪放精致　气势夺人

——美国摇滚巨星乐厅博物馆

　　美国摇滚巨星乐厅博物馆最近在俄亥俄州克利夫兰落成，这是著名华人建筑大师贝聿铭的又一杰作。

　　摇滚巨星乐厅博物馆室内光影错综变幻，斜向空间极具动感，很有表现主义特色。外部造型形态对比强烈，高大的方柱体与玻璃晶块

以及螺旋伞状物相组合。巨大的悬挑乐厅高挂空中，豪放且精致，气势夺人，令观者有余音绕梁，回味无穷之感。

建筑大师贝聿铭绝不是摇滚的青年一代，这次摇滚一代没有在同龄人或邻龄人中选出设计师，他们斟酌再三，终于还是邀请了久经实践考验，有真才实学的大师来进行设计。其所成功，完全由于设计人不倦的开拓，依靠丰厚的功底，深刻的艺术素养所取得，使建筑大师无可非议地赢得新生一代的喝彩。

芝加哥一位流行节目主持人用合辙压韵的英语述说摇滚乐队激动的心情，他说："摇滚乐在此扎营，要感谢贝聿铭先生。"虽然有人评论贝先生是守旧的一代，但实践说明，他们的水平与贝聿铭相比实在差距太大，纯属门户偏见之谈，全然没有说服力。贝聿铭先生在全美国民意调查中，仍在对流行设计最起正面影响的建筑师名单中，居最高地位。

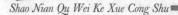

莱特的流水别墅设计

在美国宾夕法尼亚州丘陵地带一条幽静的峡谷中，有一座优美的流水别墅。峡谷两侧是一片美丽的树林，底部是一条清澈的溪流，溪流因山石落差而形成了一条奔泻直下的瀑布，它的附近有巨大的圆石，高耸的栎树和大片野生的杜鹃花。建筑从突起的高大岩石中挺伸而凌跃于奔泻而下的流水之上，因而得名为"流水别墅"。它是由知名的建筑大师莱特设计的。莱特素以提倡有机建筑而著称，流水别墅被认为是有机建筑的一个重要代表作。它的建筑造型多变，纵横交错，粗糙的灰褐色毛石墙面同光滑的杏黄色水平混凝土阳台相对比，意趣横溢，山石、流水和树木同建筑物有机结合，浑然一体，人工建筑与自然景色互相衬托，相得益彰。使人感到赏心悦目，心旷神怡。

自莱特1935年设计流水别墅以来，时间已过去几十年了，这些年来，随着社会的进步与技术的发展，建筑领域发生了很大的变化。新的建筑纷纷问世，新的流派层出不穷，但流水别墅依然受到了人们的欣赏和称赞，参观的人们络绎不绝。流水别墅以其与环境的巧妙结合，以其变幻多姿的形体和充满意趣的空间处理获得了巨大的成功，成为现代建筑中有名的代表性作品之一。

扬帆远航的帆船

慕尼黑新建的海波大楼是海波银行的总部。大楼坐落在慕尼黑的新区。这个城市是中世纪和古典主义风格旧中心区，战后完整地进行了修复，开辟为步行区保护起来。新发展起来的商业和居住区在伊萨尔河的东岸，与旧城隔河相望。新区的办公楼，最高不过70米，而海波大楼高110米，因此在城市环境中很突出。

大楼的形象也很奇特，四个高高的圆柱塔，支撑着一层层由几个

三角形组成的办公空间，使它们悬浮在半空，形成大楼的高层部分。在下面，是一片三四层的多层建筑，形同基座。整个建筑群远看像条大帆船。

在建筑结构上，高层部分的第11层是设备层兼结构层，它把四个塔柱箍在一起，建筑物的全部荷载通过这个结构层再传递到塔柱上。这种结构体系，不仅能表现出一定的结构美，而且有利于加快施工进度。

整个大楼用铝合金板作外墙饰面，窗子是银灰色的隔热玻璃，光洁明亮，显示出建筑的体量。远远望去，犹如一艘扬帆远航的帆船，令人耳目一新。

怪诞的大鳄鱼

——荷兰代尔夫特大学会堂

荷兰代尔夫特大学会堂是一座庞然大物，它建于 1966 年。对于这座建筑，人们第一眼望去似乎觉得怪诞，但走进去细看，把里里外外都研究一番后，就会承认，这个设计是成功的。它的造型奇特，有的人把它比喻成一条大鳄鱼，也有的人说它是一只咧着大嘴的青蛙。但是代尔夫特大学师生则认为，不管怎么说，会堂是一座成功的标志性建筑。

会堂的屋顶是连续折板结构，跨度很大，外观却很轻巧。建筑的南面是大会堂，北面是四个较小的阶梯教室，它们都设在楼层上。大会堂的下面由两根巨型三角柱支撑，从主要入口进入底层大厅，大厅设有休息座椅、衣帽间、接待服务台，还展览着校园的模型。

大会堂内部像个古典的圆形剧场，讲台前面是一个平台，有 154个座位，围绕平台三面的楼座共有 1041 个座位，如果把座位的扶手折起，最大的容量为 1500 座。撤掉中间平台部分座椅，就出现一个演出平台。这种设计巧妙而实用，具有多种功能的特点。

楼座的后角设放映室、音响设备以及同声翻译系统。这个会堂是多用途的，开会、集会、节日联欢、学术会议、国际会议、文艺演出都可以用，一个大学具备这样的会堂，对于举行各种活动就不用费劲了。

现代建筑追求个性化、多元化，建筑师注重工业技术的最新发展，及时把高新技术应用到建筑中去，使高新技术与建筑艺术有机地结合起来，创造出更新、更美的新建筑，这就是荷兰代尔夫特大学会堂的成功之处。

一艘扬帆起航的大船

——亚美尼亚埃里温电影院

位于亚美尼亚的埃里温电影院，是一座构思新颖、体型独特的双厅电影院。电影院坐落在市区两条交通干道旁，用地呈三角形，外形宛如一艘扬帆起航的大船。

电影院的主体建筑为两层，底层设计成衬托着两个观众厅的大平台，内有宽敞的门厅，展出文艺作品和科技成就，还有展览厅、舞厅和咖啡厅以及一个200座的放映纪录片的小厅。

观众厅的地面升起和悬索屋盖的造型，完全符合观众厅的视线和放映要求。同时，建筑的外部形体也反映了内部的空间组成。设计师在统一建筑物的内部功能、结构构造和外部形体的相互关系上，取得了一定的成果。

影院门厅的室内设计也别具匠心。不同方向的人流可以从前后两个入口进入厅内，中间是一座呈十字交叉的大楼梯。观众上了楼梯，迎面即有高达10余米、镶嵌着彩色玻璃的长窗展现在眼前，外部的自然光线透过彩色玻璃投射到厅内。两道高大倾斜的墙面，把厅的上部围合成一个高耸的空间，这两道斜墙也就是两个观众厅的前墙。

埃里温电影院是讲求技术精美的艺术追求典范，其特点是建筑结构采用新颖的悬索结构，构造与施工非常精确，内部没有多余的柱子，外形纯净简洁，反映着建筑材料、结构与它的内部空间。正像一位建筑大师所说，结构体系是建筑的基本要素，它的工艺比个人天才、比房屋的功能更能决定建筑的形式。房屋建筑当技术实现了它的真正使命时，它就升华为建筑艺术。埃里温电影院的设计师实现了这一哲理名言。

具有民族风格的京都国际会馆

日本京都国际会馆是为举行国际会议以及全国性的会议和交流活动而设立的。馆址选在日本的历史和文化名城京都，用地临近市民公园，依山傍水，景色秀丽。

京都国际会馆是一次设计竞赛的优胜方案，平面上结合大小不同的会场和其他设施，组成了既有分隔又有联系的建筑群体。会场有大中小几种，分别容纳 2000 人、500 人和 150 人几种，立体建筑为地下一层，地上 8 层。在布局上，注意设置不同的入口，使人流加以分隔和疏导。结合不同的功能房间，考虑了日照、通风以及瞭望风景等因素。建筑剖面采用了构思新颖的梯形和倒梯形两种类型。

建筑师认为，梯形的会议厅，有利于改善会堂的音响效果，有利于减缩会堂上部空间的体量和节约空调运营费用，也有利于会场四周的厢房对会场的观望。此外，由于整个断面下层大，上层小，可以结合不同的层次布置不同规模的会议。顶层的办公用房断面为倒梯形，类似日本传统建筑中的挑檐，既与下面的梯形空间相呼应，又显出独具一格的日本民族色彩。

结构的造型与建筑空间相一致，厅堂的内部根据不同的空间体量进行不同的建筑处理。如小会场体量不大，四周以墙面为主，结构框架不外露。中型会场的梯形空间，超过了一定规模，倾斜的墙面在视觉上容易产生不稳定感，设计中使结构外露，给人以支撑的感觉。大会议厅由于具有更大的体量，在统一的大空间里，采取了结构框架露与不露的手法，体现出三种不同功能性质的空间，使整个厅堂既统一又富有变化。

突兀矗立的凤尾蕉

——肯尼亚肯雅塔会议中心

　　肯尼亚首都内罗毕市在近15千米处，陆续兴建了不少现代化建筑。尽管这些建筑不少出自不同国家的建筑师之手，但是从城市建筑总体规划来看，仍然是相当和谐的。尤为可贵的是，不少建筑师在设计中致力于当地的民族风格的探索，其中最引人注目的是肯雅塔会议中心。

　　会议中心位于内罗毕市最繁华地区，用地 4.7 公顷，其中包括大片绿化用地，已故总统肯雅塔的雕像就立在鲜花环抱的喷水池中，显

得分外庄重。会议中心的建成，不仅成了内罗毕市城市规划中的一个高峰，而且成了该城市的一个富有特征的城市标志。建筑由三部分组成：一个能容纳 800 人的会堂，一个能容纳 4000 人的大会议厅以及行政办公部分。

蘑菇形的会堂，带有顶部采光的圆锥形屋顶，显然是借鉴于非洲传统的茅舍建筑，为当地人们所喜爱。它的内部是高高向上的斜顶棚，由折光木格栅组成图案，形成良好的光反射，也取得了较好的空间采光效果。

大会议厅面积为 2400 平方米，除满足大型会议的要求外，还可举行各种宴会、展览，甚至某些球类比赛活动。由木格栅组成的大片墙

面和天棚，图案新颖，富有非洲的情调，而且有良好的声学效果。

行政办公部分是一幢高层建筑，外形多少有点像凤尾蕉，它突兀矗立、巍峨壮观，极富有个性和特色。

由肯雅塔会议中心的设计，我们可以看到设计师运用抽象的象征来追求建筑个性的创作内涵。对于这个设计，设计师有一段自白：“设

计对于我来说是一个煞费苦心的缓慢过程。我认为目前人们对于格式关心过多，而对本质过问得不够。建筑是一件严肃的工作，不是流行形式。生活是千变万化，多种多样的，我倾向于在生活中探索条理性，我喜欢简化而不喜欢事情复杂化。我相信建筑是反映生活的一种重要的艺术。"

纯洁的白色派建筑

——亚特兰大哈艾艺术博物馆

时代发展至今，新的技术、新的意识形态、新的审美价值观和新的文化内涵带来了建筑设计与理论争鸣的盛世。一些设计师从哲学、语言学以及高技术、传统与乡土等方面寻找出发点，而另一些设计师则在传统现代主义的基础上，将功能与造型进行更好的结合。美国建筑大师迈耶，经过多年的磨炼，形成了一种以白色为主的、精致的现代主义风格，又称白色派建筑。迈耶以独特的建筑语言体系全神贯注于空间秩序的塑造，自然的光与影产生了微妙而丰富的色彩，而白色的纯净与完美赋予光影以充分表演的舞台，也赋予其作品的生命力。

亚特兰大哈艾艺术博物馆是迈耶的代表作品之一。该馆位于亚特兰大商业区约 2 千米处。为了保存临街的一片绿荫地，整个建筑向后退了一些。从入口进来，沿基地对角线方向的长坡道，通过一片幕墙和门廊到达博物馆的主平面层。

坡道上的通长扶手既是构图上一个张拉要素，是城市、街道与室内的过渡，又是参观路线的引导，从而成为该空间设计的组成要素之一。而伸入建筑中心的坡道因其沿对角线方向而打破了平面古典的对称美，又设置了一系列更有力度的动态几何形体，成功地使建筑物的空间秩序感发生了变化。

入口坡道左边是一个200座的演讲厅，在这个地方强调了入口的中心感。右侧坡道的尽端是像钢琴一样的圆弧曲线元素，这里就是主要入口与接待区，从这里就可以进入四层高的展馆。在这里，人们可仔细欣赏单件展品，也可走马观花似地从一个展示空间走向另一个展示空间。既定的参观流线与多样性展示空间，三间既有结合，又分合自由，让参观者走得悠闲，看得轻松。

博物馆采用混合结构，坡道一侧水平基台的沿口贴有花岗岩板，

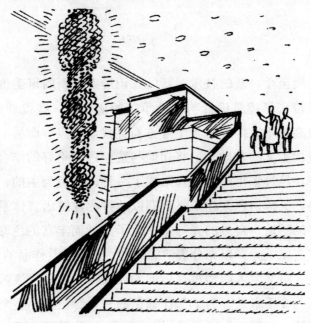

而侧面用的是白色搪瓷钢板。按展示空间的采光要求，由长条形天窗、狭长的高侧窗直接或间接采光。

采光是展览馆一项重要的设计，在这里，它既满足了采光的要求，更创造了带有审美趣味的空间。白天，那一束束从窗框间倾泻而下的阳光，带来了生命的喜悦，随时间推移而微妙变化的光影让人惊叹时间的飞逝。它将激发人们更丰富的想象力来观赏其中的艺术珍品。

从这生动、纯洁的空间中，人们可以感受到白色强化了天然光和色彩的意义，在白色表面映衬下，才能更好地体会光与影、立体与空间的妙境。哲人哥德有句名言：色彩乃光之烦恼，白色乃色彩之记录。通过参观哈艾艺术博物馆，人们对此名言有了更深层次的理解。

薄膜覆盖的全天候体育建筑

——美国佛罗里达大学斯蒂芬体育中心

　　轻型屋面结构在体育馆中应用已是习以为常了，它具有造型美观、施工简便、经济实用的特点。位于佛罗里达大学校园内的斯蒂芬体育中心，建筑面积2万平方米，屋顶结构采用篷布张力结构和充气薄膜结构，由聚四氟乙烯玻璃纤维薄膜覆盖。采用这种结构能满足体育建筑大跨度、节能和建筑造型简洁的目的。

　　中央比赛大厅是一个多功能大厅，它的地面比周围地坪低4.3米，上部充气薄膜屋盖面积达1.5万平方米，大厅内共有1.2万个座席，除中央大厅外，四周看台下侧较低矮的部分布置了篮球、排球、拳击、舞蹈、健身、举重、游泳等场地。

　　中央大厅上部由8根钢索支撑充气薄膜屋顶，整个室内空间是一个无支撑的巨大活动场。白天采光由透过双层薄膜的天然光解决，仅

节能这一项的经济效益就很可观了。

体育中心的室内具有强烈的空间效果，对参加活动的体育爱好者是一种极大的鼓舞。其柔和的天然光透过高高的穹隆，给人以振奋向上之感。

斯蒂芬体育中心是一座巧妙利用高新技术，将建筑技术与艺术有机结合的范例。体现了建筑师所意欲的"需要创造一种华丽、宽敞而又非常纯洁与新颖的建筑"的创作构想。

凌空悬立的立面形象

联邦德国慕尼黑巴伐利亚发动机厂办公楼由三部分组成，即低层共用辅助部分、矗立在上面的高层建筑部分以及碗状的陈列馆。陈列馆作为美化市容的一个重点，布置在两条干道的岔口，在碗状的大空间内设置3个标高不同的陈列平面，人们循着一条凌空的螺旋形坡道参观。大厅中心有一组放映室，四周弧形墙面上投射出全景电影。建

筑物的高层部分采用了一种罕见的悬挂式结构，这是由特定的建筑条件的花瓣形平面组成，四个花瓣形办公单元的重量，由四根预应力钢筋混凝土吊杆承受，吊杆悬挂在中央电梯井挑出的支架上，和这种结构形式相适应。还采用了升层式施工方法，技术上和经济上都取得了良好的效果。外墙采用了铸铝构件，整个建筑造型挺拔秀丽，在阳光下闪烁着银色的光芒。建筑的外形，直与曲的形体、高与矮的体量形成了鲜明的对比，造成了凌空悬立的立面形象，给人耳目一新的感觉。

权力的象征

　　巴西利亚是巴西的首都，它是一座年轻的城市，1960 年 4 月由里约热内卢迁都至此。城市建筑是按照规划师卡士达与著名建筑大师尼迈耶的意图进行的，整个城市外轮廓线呈飞机形，它有一条壮观的东西向的中轴线，中轴线的一端是三权广场，国会大厦、最高法院和总统府三足鼎立。属于压轴线地位的是国会大厦，这座建筑有一个长

240 米，宽 80 米的大平台，上面伸出 27 层并立式办公楼与两个会议厅，组成了一个完整的构图。下扣的半球体是参议院的会议厅，大口朝上的半球体是众议院的会议厅。对此有人解释：那大口朝上的是象征着广开言路，采纳公众的呼声；那下扣着的则表示综合民众的意见。然而，人们可能有完全不同的联想：那大碗和倒扣的碟子，岂不是一顿丰盛的晚餐？

但是，不论是前一种解释还是后一种联想，都跟建筑大师尼迈耶的艺术构思毫不相干。三权广场和它的建筑物，是首都的政治中心，在城市中处于高高在上，统领一切的位置上，显示着高于一切，超越一切的神气。开敞的广场，充满速度感的现代化交通干道，大型的立体交叉，决定了这里的建筑宜采用巨大的尺度，简洁而突出的形体，与整个城市的构图和风格相匹配。国会大厦以它出众的建筑立面与造型闻名于世，已经成为巴西利亚城市的主要标志。

建在浮筏上的纪念馆

阵亡将士纪念馆位于美国夏威夷的珍珠港，纪念馆是一座白色枕形的巨大建筑。它建在浮筏上，建筑物的下面就是在 1941 年 12 月 7 日被日军炸沉的美国最大的主力舰。纪念馆后那杆升有美国国旗的旗杆原本是沉在海底的那艘战舰上的。在纪念馆的陈列室中，运用图文、

录音和录像介绍了珍珠港事件的经过。偷袭进来的日军第一梯队 183 架飞机，首先扑向机场，经日机轮番轰炸和扫射，仅 5 分钟时间就迫使夏威夷岛美国空军力量全部瘫痪。又一批 100 多架日本鱼雷飞机出现，扑向海港，停泊于海港的 86 艘舰只遭受了沉重打击。

战后为了纪念这一惨重的事件，美国便在珍珠港修建了这座阵亡将士纪念馆。纪念馆内分成三部分，前厅为入口，中厅是一个开阔的半敞开空间，供参观和举行仪式之用。游览者从中厅可看到被击沉的主力舰舰体。后厅白色大理石墙上，刻有阵亡的 1177 名水手及军官的名字。参观者可以乘坐海军的小艇来回。

悉尼的自转大楼

　　鳞次栉比的高楼群与白净的贝壳形歌剧院是澳大利亚悉尼的城市标志。最近澳大利亚一个著名建筑设计事务所,推出了一幢设计独特的大厦,这座建于悉尼港口,能自转 360° 的大厦,将是继悉尼大桥和悉尼歌剧院之后,澳大利亚又一幢举世闻名的建筑。

　　自转大楼的建筑呈椭圆形,可随太阳方向慢慢转动。整座大厦的每一房间均可欣赏到四周的景色,大厦还有太阳能接受器,以补充建筑用电。大厦的旋转系统固定在钢筋混凝土的结构上,运用机械传动技术使建筑旋转,大楼内部还有可旋转 180° 的弧形电梯。这幢建筑具

有三个特点：第一是建筑管理系统，这套系统监视和控制整座建筑的功能，包括能源、电梯、保安设施、电信以及空调等。第二是办公自动化系统，它包括文字、数据和图像处理服务、中央咨询服务、档案管理与海外联机检索数据服务等。第三为通讯系统，通过使用光纤、微波与卫星技术，使建筑与全世界各地的通讯中心建立声、像和数据传输的联机能力，使信息的传递不受时间和空间的限制。

高耸入云的塔

对于塔，少年朋友并不陌生，在中国各地随处可见。而这里介绍的科威特水塔，是座颇有特色的塔。

科威特水塔是由 3 座高塔和 30 座低塔组成的塔群，主塔高达 185 米，为空心柱体支持的两个圆球。在 75 米处的大球体上半部为餐厅、宴会厅、室内庭院和自助食堂，下半部为水库。在 120 米高处的小球体设有旋转观象台。第二座塔支承着一个球形水库。两座塔球体表面均为饰以颜色的搪瓷钢板。第三座塔并不蓄水，主要作用是为建筑造型与构图的完整。

一般说来，水塔是工程构筑物，其功能是贮水，但是建筑师突破了这个范畴，水塔象征着古老的科威特以及火箭与月亮。这座水塔不仅表达了阿拉伯人民对月亮的无限敬意，也表达了科威特人民对水的深厚感情。

漫话比萨斜塔

举世闻名的意大利比萨斜塔，于 1990 年 1 月 7 日下午正式关闭。这是建塔 800 多年以来，第一次停止向公众开放。

比萨斜塔，位于意大利中部阿诺河口岸的比萨城内，是一组古罗马建筑群的钟楼。它是意大利著名古文化的宝贵遗产，也是世界古建筑的奇观之一。

比萨斜塔于 1173 年下半年开始动工兴建，1350 年整体工程竣工。该塔的建筑材料，全部用优质天然大理石。塔体共分 8 层，高 54.5 米；底层有精选上等石柱 15 根，上面 6 层各 30 根，最顶层 12 根；那口古钟就镶嵌在最顶层的正面。塔内还有 300 级楼梯，供世界各国游客登上塔顶，饱览比萨城的风光……

兴建该塔至第三层时，人们发现地基开始下陷，塔身向南倾斜。当整体工程全部竣工后，该塔的顶部中心点已偏离塔体中心垂直线 2.1 米，岌岌可危。经过几百年的风风雨雨和多次地震，该塔"斜而不塌"，岿然不动，仍然神奇地屹立在比萨城内，故称"斜塔"。真可谓"千古不倒翁"。

传说 1590 年，意大利伟大的物理学家伽俐略，还在比萨斜塔上面完成了他著名的"自由落体"实验。从而一举推翻了亚里士多德的"物体落下的速度和重量成正比"的权威学说，建立了科学的"落体定

律"和"惯性定律"。从此，比萨斜塔名声大噪，蜚声不绝。比萨城也因此成了当时意大利主要旅游城市和经济文化中心。

虽说比萨斜塔"斜而不倒"，但随着时间的推移，斜度剧增，也确实令人忧心忡忡……从1918年开始，意大利当局年年都要对该塔进行全面的严密监视和测量。他们发现该塔白天倾斜的程度要比晚上厉害些，年平均向南倾斜1毫米。十多年前，比萨斜塔顶部中心点距中心垂直线偏离达4.4米，向南的斜度为5.3°。1972年10月，意大利中部和西部相继发生地震，又使该塔的斜度增加了1.8毫米。

为了保护这神奇而壮观的古建筑，世界各国许多著名建筑家、力学专家们云集比萨城，积极想办法、出主意、策划制订最佳挽救方案。同时，意大利政府还正式设立了一个专门委员会，负责分析研究和组织实施挽救方案。

最初，他们用水泥加固地基，结果适得其反。后来，他们又将水注入地下，使附近地下水位恢复到原位，并辅之以"井水系统"，努力使水位保持相对稳定。虽然这一挽救方案能相应抑制倾斜速度，但仍然不能根治倾斜的"绝症"。时至今日，斜塔仍然在斜，世界各国的权威建筑家和现代科学技术仍然没有揭开这个"世界之迷"。这也难怪比萨市政府不能继续"作保"，而不得不忍痛宣布暂时关闭，谢客整修。

比萨市长格兰基说"斜塔可望于近日重新开放"，人们都在翘首以待。

塞纳河畔的钢铁巨人

在巴黎众多的建筑物中，似乎没有一座建筑物像艾菲尔铁塔那样，当它在塞纳河的南岸拔地而起时，就遭到那么多人的非议。据说当年著名的小说家莫泊桑、小仲马和作曲家古诺等人都一致联名要求拆掉它，理由是铁塔的建筑风格破坏了巴黎的协调、和谐、古典的美，是和巴黎的风格格格不入的怪诞建筑。

然而，耐人寻味的是，艾菲尔铁塔不仅昂然屹立在巴黎上空，而且受到千千万万人的喜爱，包括以最富有艺术气质自诩的巴黎人在内，他们也称赞艾菲尔铁塔是巴黎和法兰西的骄傲，视为巴黎的象征。

来到塞纳河北岸的人类博物馆和夏乐宫前面的观赏台上，在巴黎，没有任何地点比这儿更适合观赏艾菲尔铁塔的雄姿了。观赏台高出塞纳河约有 20 米，前方是银花飞溅的喷水池，再过去是横跨塞纳河的桥梁。就在那视野广阔的背景上，艾菲尔铁塔仿佛是钢骨铁筋的巨人，叉开双腿，昂首挺立在云天之上，相形之下，周围的楼房、宫殿和教堂等建筑群，如同侏儒一般显得十分渺小了。

倚着观赏台前的混凝土矮墙，凝望着艾菲尔铁塔的雄姿，不禁感到它的咄咄逼人的气势和一种内在的力量。艾菲尔铁塔是 1889 年建成的，当时正值法国大革命 100 周年，为了纪念这个重大的历史纪念日，巴黎举办了声势浩大的国际博览会，由著名工程师居斯塔夫·艾菲尔设计并监造的铁塔，便是博览会最引人注目的展品。从建筑艺术的观点来看，艾菲尔铁塔是新兴的资产阶级的象征，是伴随着科学技术的进步而诞生的工业革命的象征。它犹如一首钢铁构筑的交响乐，讴歌了席卷世界的工业革命的力量、勇气和无比的信心。正因为如此，艾菲尔铁塔一经问世，必然遭到守旧人士的强烈抨击，同时它也必然受到人们的普遍欢迎。

不过，随着历史的前进，艾菲尔铁塔如今已经作为一件历史的纪念物，和巴黎许多不同时代的建筑物一样，成为人们的游览胜地。至于当初设计它的居斯塔夫·艾菲尔的构想与寄寓，人们对此并不太多的关心。

艾菲尔铁塔高 300 米，1956 年在塔顶设置电视发射塔，加上电视天线，高度增为 320.75 米，整个塔身重达 6900 吨。由于常年风吹雨淋，铁塔每七年就要涂漆一次，单是油漆就需 40 吨。为了延长这个百岁老人的寿命，经营铁塔的贝尔纳·罗歇领导的混合经济公司从 1981 年起用了 3 年时间加固铁塔，更新钢架，将第 2 层瞭望台的混凝土地板换成钢质地板，单是这层措施就使铁塔"减肥"了 1000 吨重量，同时又改造了升降梯，完善安全措施，使得这座饱经风霜的百年建筑焕发了青春。

走下夏乐宫前的观赏台，驱车穿过塞纳河，一直来到铁塔下面。这时我们仿佛置身于四川乐山大佛的足下，仰望那刺破青天的铁塔，仿佛是用纵横交织、钢铁敷设的通天塔，可以直上九霄。据说有位美国摄影师躺在地上，用仰角拍摄了一张铁塔的照片，效果极佳，很能显示人类非凡的创造力。

铁塔两只叉开的巨足下面就是停车场，旁边是售票处。铁塔有 3 层瞭望台，买一张 20 法郎的门票，可到第 2 层；如果要上最上一层的瞭望台，则要买 30 法郎的门票，相当于人民币 130 元，在巴黎的博物馆、纪念馆的门票中，这里算是相当昂贵的了。

　　不过，尽管门票很贵，为了一睹铁塔的风采，登高远眺巴黎全貌，人们照样排成长队买票，甚至连夜间也如此。铁塔可以同时容纳1万人参观，因此，门票收入是相当可观的。

　　法国人在铁塔身上动了很多脑筋，他们并不满足门票收入，在铁塔上面添置餐厅、小卖部、电影厅、会议厅、咖啡馆、商店等，既满足了游人的需求，同时也增加了财源。第一层瞭望平台面积最大，左侧的视听陈列馆内有一间小电影厅，连续不断放映介绍铁塔历史的纪录片，人们从这里可以知道，当初有200名工人，花费了2年2个月又23天建成这座宏伟建筑的历史。另一个厅内，12部电视接收机转播从不同角度摄下的铁塔外观的影片。正面是上下两层的大众化餐厅，右面是艾菲尔大厅，这里经常举行文艺演出和时装表演，也可以举行宴会或酒会。至于中间的第2层，面积为1400平方米，除了小卖部、咖啡馆，还有一家考究的餐厅。这里的商店多出售与铁塔有关的纪念品，特别是造型精巧的金属小铁塔模型，印有铁塔风姿的明信片和画片，以及以铁塔为图案的运动衫，最受游人的欢迎。

值得称道的是，铁塔上面，还有一个小邮局，人们可以在这里买明信片、邮票，把信件投入信箱，届时就会收到一封盖有艾菲尔铁塔纪念戳的邮件，这对于集邮爱好者自然是求之不得的。

亚历山大的灯塔

在位于埃及西北部的历史名城亚历山大，有一个离市中心不远的法罗斯岛，岛上的东港湾便是古代世界七大奇观之一——亚历山大灯塔的遗址。

亚历山大灯塔建于公元前 305 年。相传当时托勒密一世手下一名重臣正在为如花似玉的女儿筹办婚礼，没想到千金在出嫁前夕出海游玩时，因游船同法罗斯岛的一块巨大礁石相撞而死。于是，托勒密一世下令在出事地点修建一座灯塔，用于导航。

据有关文献描述，修建后的灯塔面积约 930 平方米，高 135 米，全为石灰石、花岗岩、白大理石和青铜筑成，宏伟壮观。灯塔共分 4 层，底层有 300 多个房间和洞孔，供人住宿和存取物品。第 2 层为八面体，高 30 米。第 3 层为圆形，由 8 根圆柱撑着一个圆顶，并有螺旋通道通向顶部，导航灯就设在这一层。

导航灯是一个大型金属镜，白天反射日光，夜间反射月光。塔的第 4 层建有高 7 米的巨大海神塑像。

公元 1100 年前后，八面体部分遭地震毁坏，仅留底层。1326 年，灯塔全部被地震所毁。为了缅怀灯塔，埃及于 1477 年在旧址修建一座石头堡垒，后几经修复，一直保存至今。

灯塔的被毁是人类文明史上的一大损失。多少年来，许多埃及人为重建灯塔做过多种努力，都因工程浩大和耗资高而放弃。

在埃及努力发展旅游业的今天，重建灯塔的呼声再起。目前已有两个重建方案提交有关部门，其中一个方案出自埃及专家奥马尔·哈迪迪，另一个来自法国电力局。

两个方案都主张按原有规模和式样重建灯塔，以体现对历史的尊重。但法国方案建议灯塔的地址不必因循守旧，因为修建灯塔的目的不是为了导航，而是为吸引游客。

因此，最佳的地点是亚历山大市区的黄金地带，即将灯塔建在亚历山大会议中心和正在重建中的古代亚历山大图书馆附近。这样，3座气派非凡的建筑将相互呼应，产生融古会今，气象万千的效果，为古城亚历山大锦上添花。

都市绿洲

在许多国际大都市中，拥挤的人群以及高度的文明虽能使城市变得生机勃勃，极富魅力，但是人类活动的过分集中，也造成了大自然的生存空间越来越狭小。如何扩大城市中人均占有绿地的面积，已成为城市建设中的一个重要问题。

不久前，在日本东京这座大都市出现了一块都市绿洲，给人们一种耳目一新的感觉。在一块只能停放 6 辆轿车的空地上，栽种了树木、灌木丛，甚至还有一条人工开凿的小溪，从而使这块弹丸之地充满着天然情趣。虽然咫尺之外就是繁忙喧闹的马路，但小鸟依然在枝头放声歌唱。

整个都市绿洲工程还包括两幢分别高达 10 层和 18 层的办公大厦、

一家咖啡馆及一些公共展览场地。其中最引人注目的是水再循环系统和空气循环系统。

水再循环系统可使约90％取自城市供水管道网中的水能得到再利用，从而使每天的人均耗水量减少一半，且排入城市下水道的废水也可以减少40％左右。从屋顶收集到的雨水和洗涤槽冲洗下来的脏水可再用于冲洗厕所，再把冲厕所后的废水送到处理罐，以除去其中的无机矿物杂质及其他有机养分。从冲洗厕所后的废水中提取出来的有机养分还能得到利用，一部分给种植在大楼周围的植物施肥，其余的用管道输送到置于地面之下的海藻罐中。

于是，海藻消耗废水中的有机养分而繁殖成了鱼类的食物，鱼池内的废水转而又喷撒到悬垂在鱼池上方的树根上。这个过程环环相扣，生生不息。

空气循环系统可利用土壤和植被来净化大楼内厅堂的空气，并过滤从地下停车场排出的汽车废气。据传感器反映的数据表明，这个空气循环系统可去除汽车废气中约90％的一氧化碳。如此有效的空气净

化效果已引起人们的关注，他们希望把这套系统安装在公共停车场和交通繁忙的公路旁。

　　据统计，自都市绿洲建立以来，已有多种鸟类来这里逗留。这块都市绿洲给予人们一个启迪：它虽然是一个探索，但在城市建设的规划中，可帮助人们事先就能考虑如何避免可能出现的环境问题，使自然环境的影响能更好地融进都市的发展进程中，使城市更适于人们的居住和生活。

抢救古迹的壮举

在埃及南部尼罗河的西岸，有两座举世闻名的古代庙宇，即阿布辛贝尔大庙和小庙。这两座庙宇，完全是从天然石壁上凿出来的，是古代埃及艺术家的惊人杰作。

阿布辛贝尔大庙，是距今约 3200 年前，埃及一位好大喜功的皇帝拉美西斯二世下令建造的。名义上他是把这个朝东的庙宇献给旭日神，而实际上却是要为自己树立一个不朽的纪念碑。大庙的正面是凿成 36 米宽的牌楼门，门前并排端坐着四尊拉美西斯二世的雕像。这四个一模一样的坐像高达 20 米。旭日神的雕像，则嵌在入口上面的一个不大的壁龛里。皇帝腿边站着的皇后像，竟没有皇帝的膝盖高，皇帝的儿女的像就更小了。这种对比手法，正是为了衬托皇帝的至高至尊，反映了古代埃及对皇帝的神化。进入门洞，来到一个大厅，大厅长 18 米，宽 16 米。在中轴线两旁各有四根石柱，每根柱前都有一个拉美西斯二世的立像。他身穿冥王服装，表明皇帝就是"生神"。从这里再沿轴线往前走，穿过次厅和过厅，最后来到神舟圣堂。这里距原来的石壁，已经凿进 60 米了。另外，在大厅的南北两侧，还有八个石室。整个石窟内的墙面和天花板，满布着浮雕和彩画，内容有描绘皇帝的战功和他与诸神同在的情景，甚至有众神朝拜皇帝的场面。这些浮雕彩画具有极高的艺术价值和历史价值，是古代埃及艺术的代表作品。

阿布辛贝尔小庙，位于大庙北边不远。它是拉美西斯二世为皇后所建，献与母亲女神的。小庙的正面宽度也有 27 米多。门前立着的六尊大雕像有 10 米多高，其中有两个是皇后像，其余四个仍然是拉美西斯二世像，说明这里的主题仍然是皇帝本人。小庙有五间石室，室内也有丰富的装饰。

　　20世纪60年代初，埃及为建造纳赛尔水库而修筑高坝，几年以后，岸边的阿布辛贝尔双庙将被大水淹没。谁想得到3000多岁的山间石窟竟碰上了"灭顶之灾"。为了抢救这著名古迹，埃及政府决定将双庙搬迁到高地上去。这个决定得到联合国的赞助，也得到世界各国的关心和支持。

　　但是，搬迁两座全部由天然岩石凿就的庙宇，是史无前例的，工程异常复杂。决定搬迁的消息传出后，世界各国曾经送来许多设计方案和建议。经过认真研究，埃及政府最后决定了一个方案。这个方案的要点如下：把庙的墙、天花板和正面，以及正面周围的天然岩石切割成大石块，运到水库最高水位以上的安全地点，再重新拼接。庙宇所在的山丘也要重新建造。搬迁重建后的庙宇，力求保持原来的精神和细节，并成为一个新的风景点。

　　由于搬迁工程的重要和困难，埃及政府从各国请来了许多专家和顾问，其中不仅有各种工程技术专家，而且还有艺术史家和考古学家。搬迁工程共花费 4000 多万美元，其中一半以上是联合国教科文组织资助的。

　　工程开始以前，领导部门对原有建筑及周围环境进行了大量的、详细的测绘和摄影。甚至岩石上的每条裂缝都有测定和记录。他们不仅对当地的地质构造、地下水情况、气象规律等方面进行了专题研究，而且还做了大量的试验。

　　现场施工开始于 1964 年。首先在庙宇与尼罗河之间修筑拦水坝，坝内修了排水设施。在拆除之前，先要将庙宇顶上厚达 50 多米的岩石全部破碎运走，才能拆除庙宇。所以石窟天花板必须全部用钢架顶好，以避免坍塌。窟外正面，上边加了防护罩，又将巨大雕像临时用砂堆埋了起来，以防被落石砸坏。这砂堆在拆除庙宇时，还将利用为工作平台，随工程进展而逐步消除。

拆除庙宇是全部工程的关键。在将岩石切块以前，专家们动了许多脑筋去制定方案。切出的石块，不仅要考虑吊装和运输的方便，而且还要找到最恰当的切割位置。雕像的面部或精细浮雕的部位，是不允许切断的。例如巨像面部的分块，就是既照顾艺术完整又考虑了构造合理，而采取榫接的形式，这是一个很巧妙的设计。为了拼接的质量，规定石块间可见的拼缝不得大于 8 毫米。因此，在用机锯时，并不将石块锯透，表面一层改用手锯细心完成。石块的成分是砂岩，性质很脆，而且雕刻精细。因此在吊装运输过程中，要求任何吊装工具都不得接触装饰过的石面，甚至边缘也不许碰到。当然更不允许吊起时石块断裂。这就给吊装工作出了难题。因为锯开的石块是叠在一起的，从下面托底吊装极为困难。最后采用的办法是：在每块待吊的石块顶上钻孔，埋入几根钢筋，并将钢筋用高强砂浆铆固。钢筋埋深要达到石块底面以上 20 厘米左右。以免吊起时石块断裂。这样，就可以完全不碰到石块，通过铆固钢筋而从上面吊起来。这个办法很好，始终保证了石块的完整如初。

阿布辛贝尔双庙的新址，距原址的水平距离 208 米，高度则提高 65 米以上。但是，拆下来的石块如何再拼成整体呢？根据设计，要给重建的庙宇周边及顶上，紧贴石块背面，浇灌一个钢筋混凝土的"外套"。这个"外套"本身应该是一个有足够刚度的结构。因此，在它的顶上加了很大的反梁，下边又加了藏在墙间的柱子。这个"外套"固定了石块。庙宇的正面和墙壁，厚度在 80 厘米以上，是能够承受自重的，但在背后也用铆固筋和"外套"联成一体。至于天花石板，则全是由"外套"吊着的。方法是把每块天花石板上面全埋好铆固筋，打入现浇混凝土的顶板中。石块的重新拼接，采用了高强砂浆，并用当地砂岩粉作为骨料，目的是力求颜色和质感接近原来的石头。为了结合牢固，在石块拼接面上还开了暗槽。经过仔细地施工，很多地方几乎做到了天衣无缝。

为了重现原庙的风貌，必须重新造出山丘的形象。但真的移山是太费钱了，因此修建了巨大的穹顶将庙宇整个罩住，再在穹顶上人造山丘。大庙的穹顶是一个跨度 60 米，高 25 米的钢筋混凝土结构。它的厚度达 1.4～2.1 米。穹顶使庙宇免除了上边沉重的岩石荷载，大大

减少了人造山丘的体积。穹顶与庙宇之间形成巨大的空间，这里不仅可以维护和检查庙宇的结构，而且还是庙宇内通风和照明工程的设备层。这个穹顶从外面当然看不见，它被人造山丘完全遮盖了，但设有专门通道可以进入。后来，这里也吸引了不少游客，它被称为现代工程技术的"大庙"。

阿布辛贝尔双庙迁移以后，埃及政府不仅对庙宇本身制定了严格

的保护措施，而且禁止在庙宇附近建造新建筑物，以保持景色完整与和谐。这里又重新成了旅游胜地。

从 1964 年修筑拦水坝开始施工，到 1968 年完成人造山丘为止，历时 4 年。埃及人民面对新的课题，克服了重重困难，终于将两座石窟搬迁建成。

入地下海建筑奇观

　　世界上大规模修建正规的地下建筑不过只有 120 多年，第二次世界大战后，地下建筑应运而生，层出不穷，蔚为奇观。在海里造地，在水面建筑，在水下建库，世界上最深的地下室达 7 层，如斯德哥尔摩地下国家档案库，纽约世界贸易中心地下室，明尼苏达州的地下办公和实验大楼，深达 33.5 米，成为世界上最深、最大的地下楼宇。日本于 1957 年在大阪建成世界第一条地下街后，有 10 个城市的地下建筑面积超过 2 万平方米。名古屋车站前地下街分两层，上层是 3300 平方米的百余家商店，下层是地铁车站，全国最长的大阪彩虹地下街，总建筑面积达 3.8 万平方米。

　　人口密集、国土狭小的日本，在填海造地修筑房屋方面捷足先登，成就显著。世界上第一个海上机场是在长崎航空港附近的海面上，通过水上栈桥与本土相连。世界上最大海上新城——神户人工岛，就是削平神户四周山丘和收集城市垃圾废物，投下 8000 万立方米的山石、沙土、垃圾、废料，造出面积达 436 万平方米的建筑用地。1985 年，新加坡在圣淘沙岛外的海面上相继兴建了两座海洋 6 层旅馆，建筑面积为 150 多平方米，被游人称为"海中摩天楼"。日本还在琵琶湖底建了一个大米仓库。由于水底温度长年不变，米存在仓库内 3 年也不会霉变和生虫，维生素也不会损失。瑞士日内瓦市中心的罗纳河底有一个水下车库，共有 4 层，每层可容纳汽车 365 辆，洞口有 6 条车道与河岸公路线交叉相连。澳大利亚东北部伯大礁是世界上最大的珊瑚礁群，由近千个屿礁、浅滩组成，政府在海面下开设了一座公园，游览者可以到水下观察室探索海底的许多奥秘。

住宅新时尚

——穴居

远古时代，我们的老祖宗世世代代居住在山洞里。后来，又移居人工挖掘的窑洞中。随着社会的文明和进步，人们渐渐从穴居中走了出来，住进地上的房子。然而近年来，由于地球上人口膨胀、耕地短缺、能源危机、环境污染等原因，穴居又重新成为一种新时尚。

在德国、美国、意大利和日本，许多人并非经济拮据，而是为了舒适和享受，纷纷移居地下。据不完全统计，美国明尼苏达、得克萨斯、落基山到密西西比河，约有一万多户中产者以上的人家穴居于地下。

日本的新宿已建成了一个巨大的地下城，地下住宅星罗棋布，地下交通四通八达，有按文艺复兴时期建筑风格建造的意大利城堡，有花木繁茂，虫歌鸟鸣的森林公园，有琳琅满目的购物中心，还有宽广豪华的地下广场。

穴居地下，优点很多。一是可节约大量的建筑用地，缓和住宅用地大量蚕食耕地的矛盾；二是地下住宅冬暖夏凉，可节约冬季采暖和夏季空调所花费的电能，缓和能源危机；三是可节省一半以上建筑材料，还具有防震、抗震的性能；此外，地下居室幽雅、宁静，可避免大气污染和噪声的危害。因此，科学家们认为，人类向地下发展，把一部分建筑物建在地下，是一个较为理想、可行而又经济的方案。根据目前的发展势头，专家们甚至预言，到21世纪末，世界上将有$\frac{1}{3}$的人口穴居地下。

地下蛟龙的魅力

　　地震时的地铁十分安全。1989 年 10 月 17 日，美国旧金山海湾地区发生里氏 7.1 级的大地震，大地震时，旧金山奥克兰海湾大桥的桥板受震断裂，瞬间大桥瘫痪，桥上交通顿时受阻，引人注目的是地铁仍畅通无阻，当时飞驰在旧金山至奥克兰海底隧道中的两列对开的地铁列车安全无恙，列车司机竟无任何震感。苏联塔什干等地震区修建的地铁，采用了高超技术应付地震活动，任何轻微的振动都可以自动发生警报，考虑到存在地震灾害的可能性，在修建地铁时，采用富有弹力的超强度钢筋水泥构件来建造，在里氏 7 级地震的情况下，仍能照常营业。

地铁在战时也是重要的防御工事和庇护所。第二次世界大战期间，德国法西斯大举入侵苏联时，莫斯科地铁昼夜不停将一批批部队运往目的地，为战争的胜利做出了巨大贡献。为躲避敌机的频繁空袭，它成为天然可靠的安全防空地，而且，还有200个小生命在地铁降临人间。当法西斯频繁空袭伦敦时，地铁有79个车站被用于防空隐蔽，并有一段8千米的地铁曾被用作飞机装配厂，还有很多珍贵文物，许多精密仪器、急救药品也贮藏在地铁里。

壮丽的濑户内海大桥

在日本的濑户内海，有一座连成一线，形态各异的长桥，或雄伟壮丽，或风姿绰约，穿过松林苍翠的小岛，背衬蓝天白云，架设在波涛汹涌的大海上，由近而远，伸向烟波浩淼、目不能及的远方，宛如悬挂在海上的一条条美丽的彩虹。这就是连接日本本州和四国的联络桥，简称本四联络桥。

本州与四国两岛被濑户内海隔开，为了把两岛连接起来，计划修建三条路线：第一条称神户——鸣门线，从本州神户市重水区，通过明石吊桥跨越 4000 米长的海峡，到达淡路岛，再通过全长 1629 米的大鸣门吊桥，与四国鸣门市连接起来，其中大鸣门吊桥已于 1985 年竣工；第二条称儿岛——坂出线，从本州仓敷市进入海峡部分，通过濑户大桥，跨过濑户内海的 4 个岛屿，在四国的坂市与 11 号国道连接起来；第三条称尾道——今治线，从本州尾道市 2 号国道出发，通过 10 座桥梁跨越濑户内海的 9 个岛屿，在四国今治市与 196 号国道连接。

濑户大桥是三条线路中唯一已经建成的一组公路、铁路两用桥，全长 12.3 千米，其中跨海部分 9.4 千米，被誉为"世界桥梁之冠"。大桥为双层桥面，上层为高速公路，4 个车道，宽 22.5 米；下层为铁路，有新干线复线和东来线复线。

濑户大桥建筑规模宏大，集现代建桥技术的精华。整个大桥由 11

座不同形式的桥梁组成，犹如一座"桥梁博物馆"。其中下津井、北备赞、南备赞三座大桥为悬索桥。另外 8 座分别为斜拉桥、桁架桥和预应力混凝土连续高架桥。

为了方便游客观赏景色，管理当局专门推出了本四联络线的全景游览车。这种游览车的司机室前面为整块向后倾斜 30°的大玻璃窗，车厢两侧各有 10 个大玻璃窗。两个玻璃窗间仅有窄窄的窗框。司机室与客室间的隔墙也用玻璃墙，从距车厢地板 759 毫米处开始直到顶棚，驾驶室内的设备尽量靠下设置。这样，乘客在车厢内向前或向左右两侧，均可随心所欲地瞭望，沿途景观尽收眼底。车前挡风玻璃及车厢两侧玻璃窗皆设有防霜器，能始终保持玻璃的透明度。座席采用旋转式靠背椅，可旋转 90°角，便于瞭望。车厢空调密封好，温度调节分成两路，冷气来自天棚，暖气从脚下吹出。车内噪音小，为防止走路时的杂音，通道下设有吸音装置。两车厢接口装有光电式自动玻璃门。车内安装着 71 厘米彩电，并可播放录像，现代音响装置可播放激光立体声唱片。车内还设有电冰箱等多种服务设施，可供应冰淇淋、咖啡等冷热饮料、食品。

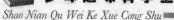
　　濑户大桥建成通车，缩短了本州、四国之间的交通运输时间。以前濑户内海靠轮渡要花 1 个小时，现在乘新干线火车只需 15 分钟。运输能力的提高，将吸引更多的工商企业家到上述地区投资设厂，有利于缓解东京、大阪、名古屋等大城市人口、产业的过密现象，促使整个产业结构的布局更趋平衡合理。

建筑玻璃新家族

玻璃，它既古老又现代，既有实用功能又具艺术效果。自古埃及人用沙子和苏打制成世界上的第一块玻璃以来，距今已有 4500 多年。玻璃发展到现在，虽然从基本材料来说，没有多少变化，但其生产工艺、规模、产品的品种、质量乃至工程应用的进步却日新月异，出现了许多新家族。

热反射玻璃，又称镀膜玻璃。这类玻璃既能透光、采光，又能反射阳光及热量，色调有茶色、蓝色、灰色、金色等等。它广泛用于建

筑物外墙的大面积玻璃幕墙，可减轻建筑物自重，对建筑物的外观起到很强的装饰效果，被人们誉为城市建设的"宝石"。

吸热玻璃。它在玻璃中加入着色氧化物或在表面喷涂着色氧化物薄膜，形成茶色、蓝色、绿色或灰色等色调，并使玻璃有较高的吸热性能。它广泛用在需采光又需隔热及避免炫光的场处，如门窗、玻璃幕墙等。

中空玻璃。它由双层或多层玻璃加边框连接而成，玻璃间留有空腔，具有优良的保温、隔热、隔声性能。它主要用于有较高要求的场所，如寒冷地区的建筑外墙等。

艺术玻璃。它融技术与艺术于一炉，按加工方法又可分为磨砂、喷砂、冰花、蚀刻、彩绘等。色调有本色的，有彩色的，透光及透明性可按画面的要求变化多样。其中的彩绘玻璃，正反面的图案皆可观赏，胜似双面绢绣。

镭射玻璃。经先进的激光技术处理，玻璃内形成了全息光栅或几何光栅，使其在光照下会产生衍射分光现象，似宝石闪烁，令人宛如堕入梦幻之中。

空心玻璃砖。它具有良好的保温及隔热性能、透光不透明、抗压耐磨、花纹精美、晶莹剔透，被称为"透光墙壁"。

以上各类玻璃新产品，国内已均能生产，为各种建筑物和市民居室增添异彩。

奇妙的高速公路路面建筑材料

高速公路在我国已不断延伸。新技术、新材料的应用，使路面呈现不同的面貌。

彩色路面　以往的路面大多是黑色的沥青路，单调的路面颜色会使长时间高速行车的司机感到疲劳。能否把马路也搞得丰富多彩呢？新研究出来的彩色路面能够解决这个问题。像绘画调色一样，把不同的色彩掺进黑色沥青材料里面，便铺出绿、橙、红、紫等色彩鲜明的路面来了。彩色路面像一本书，它会告诉司机：红色——前面有重要交叉路口和居民点；蓝色——附近有小学校，注意小学生穿行马路；黄色——不准开快车，限制车速……这种彩色路面对安全行车十分有效，使交通事故减少了。同时，彩色路面还能区分快、慢车道，能结

合周围建筑和环境美化城市。

发光路面 当夜幕降临大地，高速道路上忽然亮起几道闪光的带子，把车道、路道线映得清清楚楚，而且整夜这样亮着。司机在黑夜中行驶就像白天一样方便。这条道路为什么会发光呢？原来，工人们在筑路时把一种奇妙的发光材料掺进路面里了。

长寿路面 水泥或沥青如果和一些有特性的材料掺和，就会产生许多新型的长寿路面。比如：掺石棉纤维的路面可以抗高温；掺橡胶粉的路面耐磨力强；掺玻璃渣的路面防滑力好。这样的长寿路面，热天、冷天不变形不开裂，使用年限就延长了。利用硫磺副产品代替部分沥青制成的路面特别结实，而且造价低廉。崭露头角的水泥胶路面，是橡胶和水泥掺和的新产品。就是把废旧轮胎粉碎成小颗粒，按一定比例和水泥混合起来，然后撒上一种化学品，铺成路面后它们就牢牢粘结成一体了。这种路面强度比沥青路面要强好几倍，雨中行车时轮胎不打滑，快速行车时能立刻刹车。

防湿路面 地下水位很高的地带，土壤又湿又软，怎么办呢？这也有办法。有人设计了一卷一卷的塑料地毯，把这种地毯平铺在湿软的土壤上，上面铺一层铺路材料，道路就制成了。造在地毯上的路面，再不用怕地下水、泥浆和冰冻的捣乱了。当然，也可以用塑料块来铺路面。将近1米厚的泡沫塑料块路面，每块只有15千克重，它比同体积的水泥混凝土轻99％，塑料块底部面积大，又轻又厚，能分散车辆传下来的重量，所以即使路基湿软一些，也不至于沉陷。

科学技术为高速公路路面提供了各种新材料，未来的路面将更加丰富多彩。

太阳能采暖建筑

　　20世纪70年代初期石油涨价，全世界出现了能源危机，许多工业发达的国家都被迫对能源问题采取了开源节流的措施，一方面从生产和生活上节约能源，另一方面努力寻找和开发新的稳定的能源，其中包括对于太阳能的研究和利用。由于太阳能是一种取之不尽的巨大能源，并且几乎不受国际经济、政治形势变化的影响，见效快而又可靠，所以得到不少国家的政府和科学家的重视，成为目前世界上能源研究工作中的一个重要课题。法国政府还制订了一个庞大的太阳能工作计划，准备在 2000 年前后使太阳能的利用达到全国总需能量的 5％。日本政府计划到 2000 年利用太阳能和地热提供全国总需能量的 10％。

　　太阳能的研究和利用是一项综合性的工作，需要自然科学和工程技术各种专业人员参加，其中也包括建筑工作者。他们对建筑节能及太阳能在建筑中的利用等研究课题十分重视，利用太阳能为人们创造舒适的工作和生活条件，这并不是什么新问题。自古以来，不论建筑师、工匠还是广大群众，都懂得建造房屋首先是为了挡风雨、抗严寒。为了满足这个基本要求，建筑的形式与当地的气候（气温、日照、风速、风向等）、地理位置、地形等已经形成了密切的联系。太阳房的研究可上溯到 19 世纪 80 年代。1881 年美国麻省理工学院的莫尔斯教授在房屋朝阳的墙面上装了一块黑色石板，板前罩上一块玻璃，墙上开了通气孔。室内冷空气从石板下部的通气孔进入玻璃与石板之间的空气间层中被加热，上升再回到室内，这是在建筑上利用太阳能采暖的较早的一次试验。

近年来美国太阳房的数量增长很快。许多科研单位和大学如麻省理工学院和加州大学做了很多工作，尤其是洛萨拉莫斯试验室，他们对被动式太阳房的试验、测试、被动式采暖系统的分析和模拟计算等，都进行了广泛深入的研究，提供了一系列有价值的数据，对被动式太阳房的建筑设计工作起了推动作用。

窗户的新使命

　　大家知道，所有建筑物上的窗户通常都是用来采光和通风的，尽管偶尔也能派上别的用场，比如当建筑物突然失火，门和楼道被烈火堵住时，人就可以"跳窗逃命"。但这只是一种很意外的功能。能不能让窗户承担更多的使命呢？

　　在瑞士的洛桑，有一位叫迈克尔·格拉蔡的化学家，对于窗户承担的"工作"太少感到不满足，他希望建筑物上的窗户能起更多的作

用。他想，既然窗户是采光的，它就总是和太阳光"打交道"，而太阳光是可以转变成电能的，为何不能把窗户变成一个太阳能电池来发电呢？这样窗户岂不就可以一边采光，一边发电了吗？

在这一思想的"引诱"下，格拉蔡开始了发明"发电窗户"的艰难创造历程。真是苍天不负有心人。1991年10月，格拉蔡终于成功地发明了一种透明的太阳板，它安在建筑物上既可以作为窗户，又可以同时发电，而且得到的电能比现在通常用的硅基太阳能电池在价格上要便宜5～10倍。

格拉蔡发明的这种太阳电池板外表很漂亮，但并不昂贵，因为它完全是用一些普通的材料制成的，它是一种"多层夹心面包式"的玻璃板，在当窗户用时，安装起来也很容易，有两个小时就足够了。

多层玻璃为什么还能发电呢？

原来这种多层夹心玻璃有许多夹层，上下两层是玻璃，在玻璃的里边涂有一层薄薄的二氧化锡导电层。此外还有一种以碘为基的电解膜和一种类似植物中的叶绿素的染色层及一层二氧化钦半导体薄膜。

当光线穿过上层玻璃和非常薄的二氧化锡层及电解液层达到染色层时，染色层就吸收阳光中的光子。光子是带有能量的粒子，一个光子能从染色层中轰击出一个电子。轰击出来的电子进入到二氧化钦半导体薄膜中，然后，二氧化钦层把吸收的电荷又转移到紧挨着它的二氧化锡导电薄膜中形成电子流。就这样在上下两层玻璃上的二氧化锡导电膜上形成了一个电势差，联接上下两层二氧化锡导电膜后，电子就通过电解膜回到染色层形成一个完整的电路，只要在上下两层二氧化锡导电膜之间的电路上安上灯泡或家用收音机之类的家电，就可以使这种窗户用来照明或收听广播。

这种夹层玻璃板中的夹层由于都非常薄，仅10微米左右，所以看

起来都是透明的。它接收太阳光后发电的原理和传统的硅太阳电池的原理不太一样。因为硅既吸收电子又传导电子，而太阳玻璃中，是二氧化钦半导体薄膜吸收电子，二氧化锡导电层和电解膜层传导电子。

金属材料与建筑

　　木、石是人类应用最早的建筑材料。智慧勤劳的古代工匠们，以极其惊人的技巧用它们建造了许许多多举世闻名的古代建筑。从古埃及雄伟的金字塔和古希腊的帕提农神庙，到中国伟大的万里长城以及北魏年间的河南嵩岳寺砖塔等，都是名垂史册的砖、石类建筑杰作。在我国还有很多风格独特的木结构古建筑留传至今，其中，年代最早的是公元 782 年唐代所建五台县南禅寺。而规模最为宏伟的则要数山西省应县佛宫寺中高 67.13 米、直径 30 米的释迦木塔了。这些历史悠久的中外古建筑，虽然形式多样，风格迥然不同，但是，由于物质技术条件所限，古建筑的基本类型只有砖石和木结构两大类。

　　到 19 世纪后半叶，出现了另一种重要的建筑结构组合材料——钢筋混凝土。它极为有效地发挥了两种不同材料的抗拉、抗压力学特性。

　　在门窗构件方面，金属材料同样显示了重要的作用。我们看到不仅有钢制建筑门窗，还有铝合金制造的轻质高强门窗，轻巧、密封、性能优越，为建筑增添了新风采。

　　在现代建筑装饰中，"反光"合金已在建筑外墙造型和室内装饰上大放光彩。这种外墙能反射周围景色，而隐蔽自己的面貌，产生绚丽多彩的建筑形象，被称为"神奇的反射幕墙"。

　　到 20 世纪 70 年代，国际上又研制出两种金属复合工程材料，一种是人

造聚积物——"金属混凝土"。它是用金属代替水泥作胶结材料与矿物质或其他骨料结合而成的，既可以说是"混凝土"，又可以说是含有大量填充材料的金属。目前已经有"铝混凝土""钢筋混凝土""铁混凝土"，以及"钛""铜""锡""锌"的混凝土。它们是通过把熔化的金属浇灌到模子里的骨料空隙中间，或者先把骨料和粒状金属的混合物放在模子里加热到金属熔化而制成的。这种金属混凝土强度高，耐火，耐磨，化学稳定性好，已用来制作承受高温、磨损、冲击和重荷载的薄板型建筑制品。另一种是金属箔制品新型防水材料，已应用在建筑的屋面工程上。主要用铜箔或者铝箔作面层与沥青材料复合制成，可代替油毡使用。

房屋是怎样进行迁移的

以往在工业和城市建设中，当遇到一些完好的建筑物与设计规划发生矛盾时，人们只得将建筑物拆掉。不过，随着建筑科学技术的进步发展，近年来国内外已经实现把整幢房屋进行迁移而不必拆除。

前些年在莫斯科市做过大胆尝试，把一幢五层楼房迁移74米，使用的工具是3台10吨的卷扬机和滑轮组。美国有一幢宽约20米，高约14米的砖混结构仓库，曾被迁移了1千米。迁移时在房屋的底部由工字钢组成的框架支撑固住，然后用钢管作为滚动部分，在钢管下面沿着迁移方向铺设路轨，以减少钢管滚动时的阻力。房屋迁移时牵引的动力，迁移距离不超过25米，可采用由集中控制的液压千斤顶，如果距离较大，则用卷扬机配以相应的滑轮组。当长距离迁移，适合的办法是采用滚轮来代替钢管。每组滚轮上都装有千斤顶，在迁移过程中，当路轨基础不均匀沉降时能随时调整，使房屋保持在同一个水平上。

1995年4月19日，我国烟台市的一座总重量1100吨、建筑面积1000平方米的楼房，自东向西"行走"了9米之后，平稳地"安居"到新楼基上。历时近一天的迁移中，一个中心控制台自动控制液压导滑梁，6台液压牵引装置一齐启动，两个液压表自动显示着迁移速度，完全达到了现代化的水平。但由于需要观测和记录采集有关资料，这座楼房时"走"时"停",最快时每分钟"行走"达 300 毫米,实际"行走"完 9 米行程的时间仅 1 小时 45 分。这一迁移速度是目前世界上最快的,在迁移过程中,不仅没有出现任何损毁,而且当时在楼上居住和办公的人像往日一样正常工作,感觉不到一丝一毫的震动。

上海市在去年因扩展新外滩的市政建设需要,为了保护一座具有百年历史的著名建筑气象台,也采用了整体迁移技术。

用水造成的房屋

水能造房屋？

能。水能用来造房屋。

让水结成冰，用冰块作为建筑材料，垒起冰墙，筑成冰屋。冰屋不就是用水造成的吗？

居住在北方大兴安岭的少数民族鄂伦春族的猎户，冬天上山狩猎，在山上就筑起了这样的冰屋。由于冰的绝热性能良好，所以水造成的冰屋能抵挡风雪，保暖御寒。

冰屋到了夏天，或者气温升高时，冰会融化掉，冰屋会消失得无影无踪，所以用水造成的冰屋，只是临时住房，不能永久居住。

但是世界上也有一种能永久居住的水造房屋，这种房屋就建造在秘鲁的曼的尼威克城。当地居民使用水浇成了永久的住房，到了夏天也不会融化。

水怎么能浇成房屋呢？

原来这种水是一种温度极高的温泉水。由于当地的地层构造特殊，地层由石灰岩、石膏石组成。当高温地下水流过由石灰岩、石膏石组成的地层时，地层中的矿物质溶解在水中。

这样，当地的温泉水，不仅水温高，而且水中溶解矿物质，成了具有水泥特性的胶状液体。这种构成特殊的温泉水喷出地面，温度骤降，便凝固了起来，水分蒸发后，就结成了硬块。

当地居民用这种含有石灰岩、石膏石等矿物的高温温泉水来建造房屋。他们将这种胶状液体注入事先做好的模型中，冷却后就成了坚硬的石块、石柱、石梁。它们被作为建筑材料，用来造屋。

水，就这样造成了房屋。

有头脑的建筑

说怪不怪，房子怎么会有头脑？其实一点也不怪，未来，这种有头脑的房子将会建造得更多更多。这种房子叫智能建筑，因为它们有智能化的功能。

在当今信息化社会的时代里，出现了一种建筑，它像人体结构一样具有聪明智慧的头脑和感觉敏锐的神经系统。这种建筑中的所谓头脑就是这个建筑物的中心部分，它统一指挥和监控着建筑物中的每条不同功能的神经，并通过这些神经末梢的各种感觉器官及时处理由神

经中枢——头脑按照当时或者预先输入并贮存起来的各种规定信号来发出和执行所需要的各项指令，使工作或生活在这类建筑物中的人们具有最舒适的室内环境、最优化的工作条件、最高效的办公工具、最快捷的通信设备、最方便的管理手段。

譬如说，当天快黑了，这时室内的照明灯具便会按需要自动地亮起来，并随着天逐渐变黑的程度，灯光也会慢慢地提升到预先确定好的最合理的照度、亮度、色温和一般色指数等，并且还能根据照射对象的方位不同，控制好灯光的方向性和扩散性，以避免令人讨厌的炫光和阴影。

又如一年四季的气候随时都在变化，室内外的气候也随之不同，每当天气有冷、热、阴、晴或是刮风、下雨、下雪等情况时，这种建筑物的室内小气候也会随着室外气温、相对湿度等等变化情况来自动调节好室内相应所需要的气温，甚至室内表面的平均辐射温度、相对湿度、空气流动速度、空气洁净度、新鲜空气量等，从而创造出最舒适的室内气候环境，保证人们的身心健康，以提高工作、生产的效率。

此外，我们都知道，有些建筑物的室内需要阳光，但总有些房间是面朝北向的，它们一年到头终年晒不进阳光，而又有些房间虽然能

向和角度，按要求对那些当时不需要阳光而又晒不进阳光的房间将阳光反射进去，这样就攻克了有些建筑物因房间朝向问题而不好处理的技术难关。

漫谈智能建筑

什么是智能建筑？它是以完善的计算机系统为核心，能够提供建筑物内外的通讯、网络，具备共用办公自动化系统，以及提供建筑内设备自动控制等手段的现代化多功能的建筑。由于智能建筑采用计算机技术和信息技术，克服了传统建筑的不足，提高了建筑的技术附加值，满足了人们对信息技术的需求。

世界上第一座智能建筑是 1984 年在美国康涅狄格州的哈特福德市建成的，第二年日本也建成了一幢智能建筑。前不久，我国在广州市也建成了第一座智能建筑——广东国际大厦。在这幢建筑内安装了通用型可扩展的计算机系统，它可连接符合通用国际规程或国际标准的办公室软件设备，用户可以按自己的要求建立国际金融信息服务网，

该网通过卫星能接受到美联社道琼斯提供的各种国际经贸信息。在建筑设备自动化方面，应用电脑系统建立了大厦设备自动化控制系统，实现了对水、电、空调等设施的监测和控制。在办公室舒适性方面，保证了为用户提供弹性的工作空间等。

智能建筑起步较晚，但近年来发展十分迅速，具有十分广阔的前景。科学家预测，到本世纪末，美国的智能建筑将以万计，日本新建的建筑中 60% 也将智能化。

智能建筑由办公楼向公寓、酒店、商场扩展。如日本的智能建筑中，由电脑根据天气、温度、湿度、风力等情况来调节窗户的开启、空调的闭合，以保证房屋内的最佳状态。又能根据室内各种电器设备的运行情况，自动调节其他设施。如天气不好，则窗子自动关闭，空调自行打开。看电视时，遇到电话铃响，电视机的声音自动变小等。

日本还在研究开发节能型建筑，从能源利用的角度来完善智能建筑。这种建筑通过电脑，集中控制照明、空调、百叶窗等来节约冷暖气和照明所用的能源，控制燃料的消耗及二氧化碳的排出。此外，办公设备的电源也能集中控制，避免出现忘关的现象。

由此可见，智能建筑向人们展示了信息时代的美好前景。

由电脑控制的房屋

当今世界，电子计算机渗入社会的每一个角落，古老的建筑领域也面临着严峻的考验和挑战。现代建筑中日益复杂的功能需要，迫使建筑向科学方面进化。电子计算机在建筑中的应用，促使建筑的形式、内容以及人们的生活方式发生激动人心的变化。

电脑住宅

这是坐落在美国佛罗里达州奥兰多城的一所未来型住宅，这所以塑料为主要建筑材料的住宅是由电子技术专家威劳·梅森设计的。占地 550 平方米，外观像马戏团的大帐篷，室内的客厅、卧室、厨房和卫生间内的全部设施，都由电脑控制，它不仅能调节室内的温度和灯光的亮度，而且还能根据太阳的不同位置调整百页窗。卫生间内有一个形如贝壳的澡盆，盆内的洗澡水可以自动调温。健身房内的电子训练器可使主人合理锻炼。厨房内的电脑既可为主人编排出适合口味的食谱，还可为主人播放他所喜爱的音乐曲目和电视节目。别致的客厅里，安乐椅和沙发会自动测出主人的脉搏，对其健康进行监护。

这座电脑住宅落成后，参观的人络绎不绝，令人眼界大开。

电脑蒲公英

美国的达拉斯海特摄政旅馆，1000 多套客房布置在 7 种高矮不同的楼里，最高达 30 层。建筑轮廓丰富，外部的镜面玻璃幕墙变幻的光色给人以神奇有趣的印象。旅馆的最大特点是在建筑的一侧，建立一座 170 米高的钢筋混凝土高塔，塔顶有一个旋转餐厅和瞭望平台，它的外部罩了一层装有许多电灯的球状网架。到了夜间，灯火闪烁，并由电脑控制而变换花样，人们称它为"电脑蒲公英"。

旅客夜间坐在旋转餐厅内，建筑内外变幻多姿的灯光和天穹的繁星浑然一体，使人恍如置身在太空银河之中，令人留连忘返。用电脑控制的"电脑蒲公英"，不仅成了建筑的标志，而且成为达拉斯市的象征。

现代多层停车场

现在，世界上的汽车数以亿计，汽车为人类带来了交通便捷，促进了社会的发展，但也产生不少社会问题，大气污染和噪声泛滥自不必说，连汽车的停放也成了一个大问题。游览世界各大城市，有陷入车辆的汪洋大海之感。以美国为例，洛杉矶市商业区每天有 34 万辆汽车出入，芝加哥市的街道上，每天有 23 万辆汽车在行驶。如果这些汽车都停下的话，将把大街小巷全都塞满堵住。在"一寸土地一寸金"的大城市，汽车在与住房和行人争夺宝地。由于平面的发展受到限制，人们就动脑筋往空中发展，旧式的平地停车场逐渐向现代化的多层停车场发展。我国目前已建成数十个多层停车场，如北京的长城饭店停

车场、南京的金陵饭店停车场、成都的多层停车场等。

现代多层停车场的形式多种多样，它像仓库堆货那样，利用楼层将汽车一层一层架起来。汽车通过坡道上楼，也可以乘汽车专用电梯上下楼。停车场可以通过电脑进行全面管理，汽车到了停车场门口，电脑通过荧光屏显示，告诉司机将车停放在某层某车位，并指示通过某车道上楼。电脑还可以通过温感或烟感报警器了解整栋建筑的防火情况，一旦车场发生火警它会自动发出警报并喷水将火扑灭。通过电脑管理现代多层车库，可以使建筑内部秩序井然，使车辆出入快捷、安全可靠。

节能大厦

美国乔治亚电力公司新建的办公楼，24 层高，这座大楼造型奇特，面南的墙壁像倒置的楼梯，自顶层往下每层向内收缩，最高层比最下层向外伸出 7 米。夏季太阳入射角高，上一层突出部分起遮阳作用，使阳光进不了下层的窗户；冬季，太阳入射角低，阳光仍可普照室内，减少了空调的耗能量。办公室的照明采用150瓦耗电少的高压钠灯。大楼照明由电脑控制，下午6时，全楼自动熄灯。

大楼前，还有个三层的办公楼，昼夜均可使用，需要额外工作时，可不必开动整座大楼的照明和空气调节系统，节省了能源。这座低层建筑的屋顶上设置了1485个太阳能电池，用光电感器控制马达的转动，运用电脑能自动跟踪太阳。在地下层还设有一座容量为1363吨的蓄水池，在夜间，池水冷却，白天利用这些冷水以减少空调制冷的需能量，缓和高峰用电的紧张。由于电脑的控制，建筑的节能效益明显，与同类建筑相比，可节能60％左右。

本世纪的小康住宅

住宅作为人类的直接生存空间和环境，与人民生活最为密切。世界上没有任何东西比住宅对于人民幸福和社会安定更为重要。但这里所说的"小康住宅"，已不是当年提出"居者有其屋"目标时从温饱型向小康过渡的居住形态，而是对住宅的标准性、多样性、可变性、科学性和功能性提出更高要求，具有一定的超前性，符合国际上文明标准的住宅。

为了实现到2000年，争取城镇居民每户有一套经济实惠的住宅，全国居民人均居住面积达到8平方米的总目标而进行的"小康住宅研究"，是中日两国耗时3年进行的一个合作项目。为了编制小康住宅通用体系，中国建筑技术发展研究中心首次采用了日本国际协力事业团创立的"居住生活实态"调查，而不是以往那种问卷式的调查。在全国有代表性城市的2000多户家庭中与居民直接对话，提出的问题包括："日常生活行为与各房间的关系"、"8人以上年聚会频率"、"餐厨

合一型是否可以接受"等。通过调查，为小康住宅可行性研究提供了一幅本世纪我国居民居住图像。

家庭随社会进步向小型化发展，户型规模以 3 口为主。生活作息时间将有较大变化，工作时间缩短，家电普及，家务劳动社会化等。

生活行为模式的变化是社会交往增多、家庭待客频率增高、生活舒适性和卫生洁净度提高。

家具向多功能、多样化、灵活轻质小型化发展。

居住环境质量的改善与提高是：学校和幼托与住宅距离较近，能满足服务半径与步行距离的要求。

住房供应将出现多种形式，福利型将减少商品化，由居民集资，国家给予优惠的方式，公房折价出售，旧房改造等多种形式。

这些都为小康居住目标提供了预测依据，使小康住宅的套型模式更具现代化和东方色彩。即设计主流为"大厅小卧"，也就是目前常说的"三大一多一小"（厨房、卫生间、客厅大、壁柜多、卧室小）。

小康住宅还对住宅的心脏——厨房、卫生间设备进行了重点改善，如厨房内灶台、操作台、洗池、贮柜等设施向标准化系列化发展，配置排油烟设备、微波炉、电饭煲、洗碗机、垃圾处理器，冰箱等进入厨房；卫生间普遍设置浴盆式淋浴器或淋浴器、洗面盆、坐便器、洗衣机。

随着小康住宅的逐步推广，我国住宅设计目前存在的弊端（住宅功能不全，设计与生活脱节，配置简陋，类型单调，更新困难，住宅产品与建筑设计缺乏相互配合等）得到克服。

在我国，目前尚未形成独立的住宅产业，不能主动地引导建材、轻工、机电、化工、冶金等相关产业，充分提供符合建筑标准、技术性能和使用功能的住宅产品，也未建立起权威性的住宅中心，综合进行住宅设计、研究和住宅产品的开发工作，因而常出现建筑师选不到合适的产品，生产企业的产品找不到用户的不正常现象。随着我国今后住宅建设的高速发展，从社会和居民两方面都迫切期望有更多更好的住宅产品进入市场，因此对中国城市小康住宅的研究，其意义远不在开发几件样品，而是一次引导性的尝试，在于改变以往分散的、自发的生产状况，在今后我国住宅设计当中，将会发挥长期作用。

构思新颖的智能建筑

——日本 NEC 智能大楼

日本电气株式会社（NEC 公司）是日本最大的电气公司，生产的各类高新技术电气与通讯技术产品和卫星享誉世界。建在东京港区的 NEC 本部大楼更是一幢构思新颖的智能建筑。

大楼于 NEC 公司成立 90 周年之际建成。为做出理想的方案，设计过程中曾广泛地征求公司员工的意见，努力使现代科学成果在这座建筑得到充分的利用和展现。经过工程技术人员和电气工程师的精采合作，使大楼成为一幢具有完善高智能化系统的、能够提供安全方便的生活环境和高效优质的工作条件的典型智能化大楼，受到了世人的瞩目。

大楼建筑面积 14.1 万平方米，地面以上 43 层，地下 4 层，建筑高度 200 多米，从正面看外形似一枚待发的火箭。建筑用地并不宽裕，但还是留出了 60％作为绿化和场坪用地，保证有限的空间内的较好环境。建筑外观体型简洁，没有过多的装饰，但材质精良，搭配恰当，突出智能建筑的雄浑挺拔。

建筑内部充分运用了现代科技手段与建筑手法，真有无所不用之感。从相对低矮的大门走进大楼，短暂过渡后便豁然开朗，10 多层高的整面玻璃窗围合的高大空间给人以强烈的震撼。从共享大厅放眼望

去，各层办公室灯火通明，职员们井然有序地工作，构成了无声但优美的乐章，营造出十分浓烈的现代化办公大楼的气氛。

大楼内设 29 部各类电梯，自动控制的空调与采暖、电力与照明、消防与报警系统，完善的计算机联网办公自动化系统，全球通讯网络系统，管理服务与监控系统，以及电视、音响与保安系统等。整座大楼宛如一部完整精密的大机器，行使着高级指挥调度神经中枢的职能，把 NEC 公司与它在日本和全球的子公司连在一起，与广大的市场和用户联系在一起，其快速高效、准确及时的效果可想而知。

建筑物内部各类管线密如蛛网，整齐有序地布设在墙体和楼地面结构之中，如同印刷电路板一般。在大楼顶部的瞭望与展示厅中，还专门有楼内布线构造的剖视口和现代化办公设施应用的介绍，供参观者探究。在这里，通过参观对智能化建筑有了更直观的认识，真可谓是一目了然。

建筑结构上，大楼采用了先进的钢结构，结构体系在抗震与受力

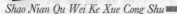
等方面都经过试验，杆件采用特制的高强度建筑型钢，这些也都有实物或模型展示，体现了建筑科技与建筑工业的高水平。在建筑装饰上，大量地使用了新材料，而对于传统的材料，则在其加工制作上下功夫，如磨光花岗石的镜面，平度直角和拼接都达到了精度加工的程度，做工之精细令人惊叹。办公室及走道厅堂使用的新型塑胶地板砖，刚柔适中，走感舒适，既耐磨又防静电，色彩也很雅致。墙面涂料、不锈钢饰面、大玻璃屋顶等制品同样反映出建材科技与加工的高水平。用在大办公室与走廊的玻璃隔断，采用新研制的单逆可视材料，参观者可以看清办公室，里面却看不到外面而不受干扰，给人很强的现代感。

建筑设计上也有很多构思新颖之处，大楼的地下层设有很大的交通过厅，通过自动扶梯可直接通往各个方向的地铁车站。楼内除设有餐厅酒吧、购物中心、书店、电视演播厅等设施外，自动售货机、自动存取款机、邮电服务设施也一应俱全。

大空间灵活小分隔的室内设计也为现代办公模式的实施提供了方便与可能。电子门锁、可视对讲机普遍使用，就连点缀在休息厅、展厅等多处布置的观赏鱼缸也没有放过，原来是利用电视画面与鱼缸巧妙结合而制作的科技小品，虚拟出五颜六色、千变万化而又栩栩如生的景象。

信息时代的建筑

　　"建筑新世纪"是建筑师对进入21世纪的建筑风格所命名的。设计师面临着要求大胆、多样化及个性化的挑战，而人们则以一种寻求刺激的心情要求建筑物能更富有想象力，甚至要具有奇特的风格。

　　在建筑新世纪中，虽然建筑风格已具有高度的创造性，但楼房依然流于令人兴奋和迷恋的表面美观，其实质仍然是人们所熟悉的建筑技术和结构样式。例如城市街道两旁，传统的玻璃窗会被新型的玻璃幕墙所代替，它们经电激后会闪耀出明亮的光彩。在黑色的夜空中，这一视觉图形蔚为壮观。有些楼房将全部是蓝色的，有些则全部是黄色的，有的则会发出闪闪的红绿条纹。

　　又如，在多季风的中西部城市，将建垂直倾斜的建筑，但内部结构却是传统水平垂直的，其外观使人感到惊奇又备觉有趣。然而，这种倾斜建筑会得到人们的认可，以至那些办公楼、高层住宅、旅馆等都采用这种倾斜建筑，这可使建筑更具有抗风的能力。

　　在南方炎热的地区，建筑新世纪的式样更具特色，它们展示出的是一种曲线化的风格。在设计图里，曲线多于直线，窗户则是圆的或椭圆的，也可能是自由式多边形的，传统的线条分明的矩形窗户已很难找到了。

　　在信息时代，住宅也会使用圆顶和穹顶结构。建筑师和施工人员

用单个或多个这样的单元结构，将它们组合在一起，使这些住宅更为诱人。这种结构是利用自行装配的新技术对多层片状板材加工而成的，因此，它与传统的住宅结构一样经济。这种新世纪的建筑与老式的楼房建筑混在一起，会形成一种奇特的景观。

在居住单元内部，空间个性化要求显得极其重要，这样就可以防止千篇一律的现象出现。建筑内部需要的不仅仅是装潢，还需要有智力手段的配备。在建筑的结构中装有各种传感元件，并由这些传感元件组成一个网络系统，可用来探测各主要结构的受力、变形、沉降、开裂及其它各种情况。此外，各环境探测元件互相接连，可用来监测房屋的空气温度、湿度、污染情况、能源消耗情况。所有这些信息都会送入信息中心处理机，从而确定建筑的"健康"状况，避免意外事故的发生。

"数字化的城市"

阿姆斯特丹市热烈欢迎数字革命。数月前，市政当局在现有电话线的基础上建起了一个全市范围的计算机网络。阿姆斯特丹人能通过电子方式获得公用文献，并且能在互联网络上与立法者一道讨论从最低工资到城市建设等各种各样的问题。

与阿姆斯特丹相似，其他一些城市，如纽卡斯尔、斯图加特、安特卫普以及斯德哥尔摩等最近也开始自行进入计算机网络空间。

前不久，欧盟工业专员马丁·班格曼宣布了一项大胆的计划：在欧洲建立 10 个或更多的"数字化城市"典范。阿姆斯特丹便成了计划中的首选。但英国和瑞典的计划是最先进的，他们早就为高速计算机

网络进入 21 世纪做好了准备。

然而，仅仅只有城市的数字化是不够的，它还需要每个"小单元"都与之相适应。否则，就像有了高速公路没有汽车一样。因此，诸如数字 BP 机、数字手机、数字电视、数字广播、数字化家庭、数字化的人等必须与之配套。未来学家指出，人类步入信息化社会面临的第一场数字技术的革命，下一世纪将是"数字化"的天下。

比如，在家庭的卧室中放着一台弧形屏幕的"电视"是一台多媒体电脑。它可接收电视节目，也可打电话，看电子杂志等。它管理着家庭能源消耗，你可适时监视家用能源的消耗量。当你在路上驾车时，可以通过电脑联网遥控家中的电脑，用于"电视购物"。另外，当你将一盘录像带插入录像机，电视机就会自己调到一定的频道，立体声响也自动打开了；当门铃或电铃响起来时，真空吸尘器会自动停下来，你外出度假时，家中的电灯则处于半随时开关状态。总之，所有的家电都处在一种同步协调的状态。

为了实现这一计划，数字将城市中的每一个单元，每一个人都打上了记号，比如，居民的身份证号、电话号码、单位或住家的门牌号码、银行信用卡号、汽车驾驶证号码等等，少一个样都不行。要是一不留神把银行密码忘了，钱自然取不出来。

奇特的智能电梯

时代在发展，在垂直运送人员的工具方面，技术也不会甘心落后的。今天，我们拥有的新一代超级电梯能够在高高的塔楼中快速上下运行。工程师、心理学家和设计师付出的共同努力使许多人消除了乘坐电梯所产生的不舒适的感觉。

候梯时间短

把高技术应用于电梯所取得的首项成果是缩短了等候时间。人们进行的心理测试表明，大部分人认为等候电梯的时间超过半分钟是令人难以忍受的。大多数人长时间等候电梯会导致心情焦虑。

电子学找到了这一问题的解决方法。办公楼和饭店的最现代化电梯装有内部网络，通过网络，各部电梯之间可以交换有关候梯人数和呼叫次数的数据，以避免无用的空运延长乘客候梯时间。

一套有效率的传感器和微型处理机系统能控制所有与电梯运转情况有关的数据，如各部电梯停留的位置，运行的方向，正在乘坐和等候电梯的乘客要走的路线等。该系统每秒钟都要对所有参数进行计算，最后编出程序，获得点数最多的电梯优先收到指令。

法兰克福博览会大厦是欧洲最高的办公楼，高 256 米。楼内装有智能电梯，能够尽量缩短等候时间。即使是在早晨，在各办公室工作的 3000 多名职员涌入大楼前厅时，任何人候梯时间都不会超过 19 秒。

为了实现在这栋 70 层楼房中快速运送客人的目标，采用了按各部电梯行程的长度划分的体系。所谓限定方向系统更引人注意。假设有 3 个会议同时在一栋摩天大楼的 10 层、20 层和 30 层举行。一旦接送这 3 层楼客人的电梯超负荷，电子系统就会设计一种特别工作计划，部分电梯将会被分派去接待这批乘客。它们将停在楼的底层，大门敞开。电子显示器还会向客人们指示哪部电梯接送哪个会议的人员。

记忆装置的使用将是朝未来电梯迈出的又一步。在几个月的时间中，电脑将记录和比较各部电梯在每天 24 小时内的整个运行情况，这样，就可根据实际需要来编排电梯运行程序了。这种技术对设有多家公司总部的办公大楼来说是极有益的。

快速·安全

远红外传感器的使用，将使电梯技术取得新的发展，这种传感器安装在电梯大门的正面，对人的体温能够做出反应。由于传感器的安装，电梯能够了解候梯人数。候梯人数最多的楼层将受到优先考虑。在电梯间内，另一个传感器可向中心电脑通报乘梯人数。

工程师们的另一个主攻目标是电梯运行的速度，目前，欧洲大部分高楼的电梯运行速度为每秒钟6米。美国摩天大楼的快速电梯每秒钟的速度为8米，将来速度还会更快。

我们可以想象，日本计划建造的空中城市大楼将会需要何种电梯呢？这栋大楼将比芝加哥的西尔斯大厦高4倍，共500层，可居住30万人，在这种高大的楼房中，我们常规电梯显得有点过时了。为使如此多的人快速地上下，电梯需要拥有比现在的滑轮和电缆更有效的装置。

类似单轨悬浮列车靠磁频推动的电梯将解决这一问题。这一新装置可使电梯速度达到每秒钟10米，不与金属轨道接触可避免磨损，减少故障。

舒适·美观

未来的电梯不仅将提高速度和安全感，而且还将最大限度地寻求舒适感。随着新一代电梯的出现，摩擦、嘎吱声，乃至令乘客感到不安的晃动将全部消失。

绝对隔音的电梯间会像钟摆一样悬挂在那里，地球引力可使之处于静止状态，尽管楼内会产生震动。

像流线型赛车一样，电梯间的地板和顶棚都装有阻流板，以排除同空气的摩擦可能产生的气流。制动和起动都不会造成晃动。

制造商考虑得十分周全，他们还设想了解决幽闭恐惧感的办法。一些心理学家说，在狭小的电梯间里上上下下会使许多人产生恐惧感。压抑感再加上害怕出事和害怕接近陌生乘客的心理，使许多人觉得乘电梯比走浮桥更可怕，新电梯间的设计解决了这一问题。

例如，现在已有水晶玻璃观景电梯。视野朝向外部可产生广阔的感觉，减少挤满乘客的昏暗电梯间导致的肾上腺素的产生。不管电梯是安装在楼内天井的墙壁上，还是安装在楼外侧墙壁上，都会为乘客在视觉上带来一种令人愉快的享受。

新型的设计使人们忘记了老式电梯那种平淡无奇的外观，新型电梯简直就像一件艺术品，如金字塔形电梯和科隆海运饭店像水晶鸟笼一样的电梯，建筑师可根据自己的喜好定做电梯，使新型电梯成了大型楼房前厅中的一景。

在公寓楼群中，电梯的变化可以采取不同的方式，可在电梯间光秃秃的墙壁上装饰虚构的美丽景色，也可通过镜子的安装使狭窄的电梯间"变大"。一些电梯间还安装了水晶玻璃顶棚，还有的安装了镜子和彩色灯，使之融为一体。

今天，乘坐电梯的感觉已与往昔截然不同了，未来正向我们走来，垂直运输的观念将发生一次新的革命。

展望将来的水上东京

21世纪的城市将是怎么样的？科学家根据科学技术的发展预测，提出了很多设想。未来城市将是由空间结构建筑组成的城市，这是因为现代技术能够建造不同大小的空间结构体系，也能够最合理地利用城市的空间。

城市的发展常常与用地发生矛盾，这就需要考虑如何节约用地，向地下、空中或水上开拓空间。目前，世界上某些城市在建筑实验性的探索实践中，已编制了不少充分利用地面上空或水上空间和地下的城市方案。但由于技术或经济上的原因，这些方案还不能马上实施，所以各国建筑师都在进行可行性研究。

日本著名建筑师丹下健三制定了水上东京的设计方案，它将城市居住区与城市的管理和商业部分布置在东京湾上，它们彼此以桥梁相连。水上东京城方案，既保留了海湾的航行功能，又利用了水上的空间，使东京城逐渐向上延伸。未来城市建筑中，如何最大限度地腾出地面的建筑用地，将它用于绿化、运输、活动场地和工业生产、科研，这是值得研究和探讨的问题。为了适应科学技术的发展，保护城市环境，探索新的人口分布方式，国外建筑师提出了一个实验性城市规划设想，他们按照新的观念，论述了未来城市和新的建筑蓝图。为了使新城市内各组成部分连接起来，设计了30层楼的居住综合体。它由三角形板式建筑所组成，其中一个角立在地上。三角板式建筑之间以及它们与科研中心和远离城市的工业企业之间，都是通过空中飞廊联系起来的。这种架空式交通，使城市立体化，开拓了广阔的城市空间。建造立体城市的大量建筑用构件是在工厂生产的，然后再运到工地进行拼装联接。

在未来的城市中，住宅、公共建筑、科研中心、工交企业和商业服务设施都将布置得很舒适，交通技术手段将更加现代化，如采用高架铁路、电动汽车、直升机、活动人行道、快速电梯等。水和大气的污染得到控制。建筑安装及装修工作也将达到更高的质量水平。所有这一切都为未来城市和新建筑创造了新的条件。

在特大城市、大城市和中等城市，将开拓空间环境和建造地下城。外国建筑师设想了一个城市的立体空间结构，由点式建筑来支撑着高空水平的梁墙式建筑。地面上腾出来的地段用来布置公园、花坛、草地和活动场地。

未来的生态城市

　　早在20世纪的 20 年代，就有建筑师借助生态学过程的类比，来解释人类的种种居住模式。60 年代初，意大利建筑师曾设计了仿生城市，他建议建造大树状的巨型结构，以植物生态形象模拟城市的规划结构，把城市各组成要素如居住区、商业区、无害工业企业、街道广场、公园绿地等里里外外、层层叠叠地密置于此庞然大物中。

在仿生城市中，其中间主干为公共建筑与公共设施以及公园。从主干向周围悬挑出来的是四个层次的居住区，空气和光线通过气候调节器透入中间主干。居住区部分悬挑出来的平台花园可接触天然空气与阳光。

建筑生态学是以所谓微缩化理论为基础，把土地、资源和能源紧密地结合在一起。建筑师构思出一座可居住 600 万人口的多功能超巨型摩天楼生态城市。这是一种对特大城市的微缩，像大规模集成电路那样紧凑高效的集成化生态城市。

阿科桑底城是生态城市的实例，它位于美国亚利桑那州凤凰城北 112 千米处一块 344 公顷的土地上。整个城市为一座巨大的 25 层高 75

米的建筑物，可居住 5000 多人。楼内设有学校、商业中心、轻工业厂房、文化娱乐设施等，城市建筑和暖房用地 5.6 公顷，其余的 338.4 公顷土地则用来种植绿色植物，成为环绕城市的绿带。

建筑师认为，阿科桑底城将显示出人类可以和自然共同生活而不引起伴随现代城市环境而来的对自然的破坏和浪费。城市用地仅为一个 5000 人标准城市所需用地的 2%。在城市内部没有汽车，全部的食物、热源、冷源和生活需要都可以通过建筑设计和运用某些物理学的效应得到。这个城市在食品和能源的供应方面将是自给自足的。

　　建筑师认为，生态城市是未来城市理想中的最好模式，人们正注视着这种城市建设的进展。